本书获长春师范大学学术专著出版计划项目支持

动态商业环境下企业环境责任的思考

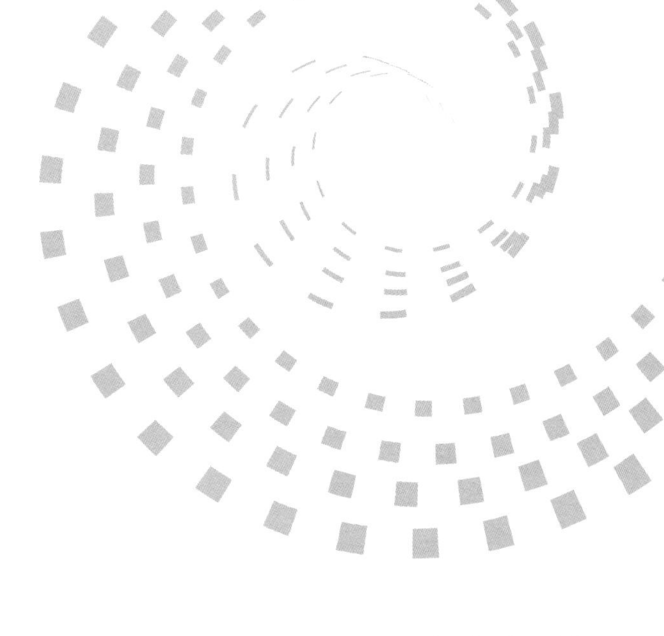

陈柔霖　著

Cogitation of Corporate Environmental Responsibility under the Dynamic Business Environment

中国社会科学出版社

图书在版编目（CIP）数据

动态商业环境下企业环境责任的思考 / 陈柔霖著.
北京：中国社会科学出版社，2024. 7. -- ISBN 978-7-5227-4079-9

Ⅰ. X322

中国国家版本馆 CIP 数据核字第 2024XP6159 号

出 版 人　赵剑英
责任编辑　李斯佳
责任校对　夏慧萍
责任印制　戴　宽

出　　版　中国社会科学出版社
社　　址　北京鼓楼西大街甲 158 号
邮　　编　100720
网　　址　http://www.csspw.cn
发 行 部　010-84083685
门 市 部　010-84029450
经　　销　新华书店及其他书店

印　　刷　北京君升印刷有限公司
装　　订　廊坊市广阳区广增装订厂
版　　次　2024 年 7 月第 1 版
印　　次　2024 年 7 月第 1 次印刷

开　　本　710×1000　1/16
印　　张　15
插　　页　2
字　　数　211 千字
定　　价　86.00 元

前　言

伴随着工业经济的不断发展，以高污染、高消耗与高排放为特点的粗放式发展方式在推动经济发展的同时也给生态系统造成严重危害，使国家环境承载力接近上限。面对越发严重的环境问题，“环保”与“可持续”成为国家与社会探讨的热点。企业既是市场经济的组成部分，也是国家经济发展的“细胞”，其产品与加工技术都以不同方式对环境产生影响。以往很多企业基于有限认知，认为企业环境管理只会带来生产成本的上升和绩效水平的下降，进而在激烈的市场竞争中失去优势，形成“环境管理—竞争优势降低”的思维定式，从而在缺乏系统研究的前提下失去进行环境管理的动机，忽略了环境管理为企业带来的积极影响。在当前严峻的环境形势下，环境问题对于企业发展而言越发重要，中国已经陆续颁布很多相关环境法律法规，如《中华人民共和国可再生能源法》《电子信息产品有害物质限制使用管理办法》和《中华人民共和国清洁生产促进法》等，以规范企业生产经营行为，降低其运营对环境造成的污染。可见，企业原有的以资源、环境为代价的发展方式受到社会压力、市场监督等多重约束，因而在面对众多利益相关者对环境保护的生产诉求和压力时，转变发展方式、切实促进企业绿色发展与创新成为中国企业的发展方向，也是实现竞争优势的最佳路径。但是，怎样使企业在动态环境下履行环境责任，将环境管理理念，尤其是企业的环保文化与道德切实地转换为企业竞争优势，在实现竞争优势的过程中又应怎样匹配企业绿色资源，是学者和管理者探讨的重点与难点问题。

目前学术界对环境责任中的企业环境伦理的研究是基于企业伦理研究发展衍化而来的，虽取得了一定成果，但仍具有局限性。一是现有研究多是理论与概念内涵的探讨，较少将企业伦理运用于实证研究，探讨企业怎样有效构建企业环境伦理体系以提升竞争优势，忽略前瞻型环境战略与绿色创新作用；二是现有研究虽从资源角度探讨了企业实施前瞻型环境战略的必要性与重要性，但这里强调的资源多是财务、人力与技术的资源，忽略了企业环保价值观、环保道德等企业环境伦理方面隐性的资源内容，且缺乏探究企业在环境伦理影响下形成的环境战略对企业竞争优势的影响效果；三是现有研究忽略了影响企业环境伦理对企业竞争优势影响过程的边界条件，脱离了冗余资源和利益相关者压力的内外部影响因素，并没有解释构建相同环境伦理体系，如监督机制和伦理道德等企业为何会具有不同的优势产出。

本书基于自然资源基础理论、创新理论、企业社会责任理论和利益相关者理论从企业资源角度对企业环境责任中的企业环境伦理进行深入探索，分析企业环境伦理对企业竞争优势的影响过程并验证前瞻型环境战略与绿色创新的中介作用并建立链式中介模型。同时，识别企业环境伦理影响企业竞争优势的内外部边界调节因素，验证利益相关者压力、冗余资源和商业环境动态性的调节作用。

本书弥补了现有关于企业环境伦理与企业竞争优势间关系的研究的不足，丰富了企业伦理研究，深化了前瞻型环境战略和绿色创新方面的内容，扩展了“资源—行为—优势”的管理学范式，提出了链式中介模型并明确其中的传导机制，为企业更好地履行环境责任、实现竞争优势提出了新思路和伦理范式，帮助企业解决了如何有效将环境伦理价值观转化为竞争优势的难题，同时，引入利益相关者压力和商业环境动态性作为外部影响因素，引入冗余资源作为内部影响因素，构建调节中介模型，探索企业在动态商业环境下的环境责任履行对竞争优势的影响。本书在指导企业承担社会责任、激发企业管理者发展绿色创新的积极性、优化配置资源投入等方面具有重要意义，为企业实现可持续发展提供了理论与实践指导与建议。

目　录

第一章　绪论

第一节　研究背景

随着经济和科学技术的飞快发展，动态性已成为商业环境的主要特征。自 18 世纪工业革命以来，机械代替手工带来的工业化发展不断推动全球生产效率提高，为人类带来更便捷的生活条件，但是，从 1930 年比利时马斯河谷二氧化硫事件到 20 世纪初南美洲原始森林沙漠化事件等也不断提醒人类，这种以牺牲环境为代价的工业化不仅对生态造成了大规模、持续性的破坏，同时也极大地威胁了人类的生命健康。欧洲环境署公布的数据显示，2016 年有高达 46.7 万欧洲人丧命于空气污染所诱发的疾病；联合国发布的《千年生态环境评估报告》指出，过去 50 年中，约 60.00% 的人类赖以生存的生态服务行业，如饮用水供应、渔业、农业等都因人类过度开发和使用资源而无法进行可持续化生产。可见，人类活动离不开自然生态环境系统，世界范围的环境问题已成为各国目前要解决的重大议题。

作为世界上最大的发展中国家和世界第二大经济体，中国在推进城市化进程中采取的以高污染、高消耗、高排放为特点的粗放式发展方式在快速促进经济发展的同时，也给自然生态系统造成了严重污染，使国内的环境承载能力接近上限（张红凤等，2009）。仅 2003—2013 年，我国超过 30 个省会城市和直辖市出现了大面积雾霾，其中，

PM10 的年平均浓度超过 100 微克/立方米的城市数量占 64.52%。诸多制造业的中部、东部地区更是出现了高达 130 万平方千米的雾霾天气；根据 2016 年的数据，全国土壤超标率达到 16.10%，在 338 个地级以上城市中，只有 24.90% 的城市空气质量达到标准；而在 2017 年公布的全国大气污染数据中，受污染区域面积相较 2016 年仍在扩大，且中部、东部地区大部分城市 PM2.5 平均浓度仍有上涨趋势。

企业作为市场经济的基本组成部分，既是国家经济发展的“细胞”，也是环境污染的主要制造者，解决环境问题不仅要依靠各国环境规章制度的出台和公众环保意识的提高，也离不开各国企业对环境的治理与关注。自 20 世纪 70 年代开始，联合国颁布了一系列关于环境保护的国际标准，同时，在 1992 年召开的“环境与发展”大会上呼吁世界各国企业在产品生产周期中尽可能采用清洁生产工艺和污染防治战略，担负起环境保护的社会责任。西方国家也相继出台了更严格的环境法律法规，提高了限制企业排污规格的要求，以督促企业改善生产经营方式给生态环境带来的污染，提高资源使用效率，实现清洁生产。

对中国而言，广泛而快速的经济增长方式使资源和环境问题成为制约中国经济和社会可持续发展的瓶颈。而不断变化的商业环境使企业既有观念及行为方式等逐渐失灵，企业若仍坚持墨守成规，不能与时俱进，仍采用牺牲环境以发展经济的“饮鸩止渴”发展思维，将面临发展危机。面对这个关系民生与国家战略发展的重大议题，坚持走可持续化道路，通过优化经济结构和资源与能源的使用价值观念，推动生态文明发展，实现经济与环境的统一。我国“十三五”规划中明确强调落实绿色与创新理念的重要性，党的十九大报告中也提出“加快改革生态文明体系，建设美好中国”的要求。与此同时，2017 年《政府工作报告》进一步指出，在发展经济的同时，要加强污染治理，其中重点控制重污染企业，使国家既能实现“金山银山”，又能实现“绿水青山”。2020 年《政府工作报告》聚焦精准治污与企业关系，强调作为污染防治的主体，企业需识别污染防治与高质量经济发展的协同性，不断创新改革环境治理方式，实施重要生态系统保护和修复重大工程，协助国家打好蓝天、碧水、净土三大保卫战。

在快速变化的商业环境下，企业原有的以资源、环境为代价的发展方式受到政府环境规章、社会压力以及市场监督等多重约束，因而在面对众多利益相关者对环境保护的生产诉求和压力时，转变发展方式、有效推动企业绿色发展和创新，已成为中国企业的迫切需求。

自20世纪中叶始，随着世界环境与发展委员会指出可持续发展的重要性以及各国企业不断响应环境保护的号召，在企业内部发展清洁工艺并积极推进环境战略，使环境管理逐渐成为各国企业实施战略行为的出发点，掀起了学术界对绿色管理与企业发展关系的讨论与思考。早期一部分学者从新古典主义经济学理论出发，认为企业经营中加入绿色元素会提高其生产成本，进而降低生产效率与同行业市场竞争力。与此相对，另一部分学者从长远角度关注绿色管理与企业竞争优势关系，主要围绕波特假说中自然资源基础观和利益相关者的相关理论展开，其中心思想认为企业实施绿色管理有助于提高企业竞争优势和绩效。自然资源基础观认为，“绿色”是企业一种独特的无形资源，在日益严峻的环境危机背景下，能够为企业带来其他竞争者无法模仿的竞争优势和经济效益。利益相关者理论从企业与政府、消费者、供应商等利益相关者的关系出发，认为实施绿色管理的企业可以满足消费者绿色偏好，建立良好绿色口碑，进而获得“环境溢价”所带来的优势（Buysse and Verbeke，2003）。无论是新古典主义经济学还是波特假说，均具有较深厚的理论基础，但是，对于企业目前发展趋势而言，企业实践活动与保护自然环境息息相关，企业除经济责任外还应履行企业环境责任。如今，面对日益严格的环境法规和日益增多的利益相关者对环境问题的要求，企业进行环境管理已不再是逃避处罚的被动措施，而是实现可持续发展的重要路径。

企业环境责任是企业履行社会所期待的环境义务和责任的活动。

在此背景下，组织以生态可持续化方式和人道主义为前提，通过建立企业环境价值观和企业环境为精神导向的行为与决策模式来处理企业业务与自然环境关系，形成企业环境伦理问题（Chang，2011）。近年来，企业环境责任的具体内容，如企业环境伦理、环境战略和绿色创新逐渐成为企业社会责任和企业战略研究者与管理者关注的焦点（Chang，2011）。环境伦理越强的企业越能意识到环境对于企业的意义，越易将绿色纳入企业战略中。在绿色发展趋势背景下，企业如何通过构建环境伦理建立核心业务与自然环境的良性联系成为企业战略研究的重中之重。随着国家对企业环境规制越发严格和消费者不断增加的绿色消费需求，新型企业竞争已不单单是价格与数量的竞争，而是质量、绿色理念与差异化的竞争，这种转变给企业在市场竞争中不断消耗优势且日显疲态的状态注入了新的活力，也给企业提供了新的发展机遇。企业若要在激烈的竞争中存活并扩大市场占有份额、提升竞争优势，就要重新定义企业行为与自然环境的关系。

企业承担环境责任具有路径依赖性，一个企业对自身的环境价值观的认知和对企业环境行为的反思决定了企业战略布局和组织行为，使其他竞争者难以模仿。因而，当组织将提升自身环境战略行为作为目标以获取企业竞争优势时，提高企业环境伦理认知就变得必不可少。因此，在绿色发展这一动态的商业环境背景下，反思企业承担的环境责任对于企业的可持续发展具有重要意义。

虽然目前学术界有关于企业环境责任的探讨研究，但仍存在局限性。首先，以往学者多是从制度角度或是利益相关者角度探讨影响企业绿色行为及竞争优势的外部驱动因素，缺少从企业内部伦理资源和战略角度探究环境伦理、前瞻型环境战略和绿色创新怎样影响企业绿色实践及竞争优势。而由于外部驱动因素具有不确定性和长期性，企业绿色行为具有随机性和不可控性。而内部认知（Weaver，et al.，1999）驱动因素则是指组织内部影响因素的总和，具有可控性及可操作性。相较于外部驱动，内部驱动的研究对企业更有意义。鉴于此，企业仍缺乏相关研究，即从企业内部角度出发，将环境伦理、前瞻型环境战略、绿色创新等企业内部资源与能力作为切入点，探索企业通过内部环境责任的承担来获得可持续竞争优势的作用机理；其次，目前学术界对于环境责任的思考多是在恒定不变的商业环境下考量不同概念对企业环境管理的影响，但现实的商业环境是变化的，企业环境战略及管理需基于变化的商业环境进行动态调整，因此仍需考虑动态商业环境要素；再次，目前国内学术界对企业环境责任内容的研究仍处于起步阶段。现有对环境责任的研究多是定性研究，主要对环境责任概念与内容进行梳理，或是研究环境责任的构建框架。但面对日益激烈的市场竞争和日益紧缺的自然资源的动态新形势，目前仍有诸多问题亟待解决，如企业如何通过构建环境责任体系来提升企业竞争优势？如何充分利用绿色资源与能力，使之形成其他同行业企业更独特的竞争优势？怎样才可以帮助企业有效构建环境伦理体系，使之成为企业绿色实践的指导价值观？在环境伦理的引导下，企业怎样将“绿色”元素融入企业战略与行为中，从而提升企业竞争优势？

环境责任之于企业发展而言是必不可少的研究课题，而目前对环境责任内容的研究主要解释了环境伦理框架的构建及其对企业绿色发展的益处，但是没有在动态的商业环境下为企业构建环境责任内部整体框架提供有效增强竞争优势的途径。因此，在绿色市场导向和绿色政策导向下，本书基于自然资源基础理论、创新理论和利益相关者理论，从企业内部资源角度对企业环境伦理及绿色管理进行深入分析，以弥补以往研究的不足；建立了商业环境动态性背景下的“伦理资源—战略制定—企业行为—优势产出”理论模型，探讨了在商业环境动态性背景下的企业环境责任中企业环境伦理、前瞻型环境战略和绿色创新对企业竞争优势的影响机制；比较了链式中介影响效果，验证了前瞻型环境战略和绿色创新在这一过程中的重要作用；识别了利益相关者压力、冗余资源、商业环境动态性的边界作用，推动企业反思其自身环境责任问题，丰富关于企业环境责任和企业竞争优势的研究，为企业积极推进绿色化改革提供借鉴。

第二节 研究目的、内容与意义

一 研究目的

随着绿色化趋势不断增强和商业环境不断变化，越来越多的企业认识到企业发展离不开绿色管理，企业如何能将环境保护更好作用于企业并在实践中构建企业竞争优势是当下讨论的热点和亟待解决的难题。尽管不同企业都致力于提高企业环境伦理水平，且采取相似的方式进行绿色实践，但实现的结果不同，进行的效率也有偏差（Henriques and Sadorsky，1999）。为进一步挖掘企业环境伦理与企业竞争优势更深层的关系，使企业反思关于环境保护的责任，本书需在动态商业环境下，基于自然资源基础理论、创新理论和利益相关者理论，将企业承担的环境责任分为环境伦理、前瞻型环境战略、绿色创新三个部分，分别挖掘其内涵，探索其对企业可持续发展的影响机制；同时，基于Meta分析整理以往文献中环境战略对企业财务水平影响效率，更好地指导企业将环境伦理作用于企业环境管理与绿色实践，为开辟我国企业绿色与创新发展寻找新思路。综上所述，本书的研究目的分为五个方面。

第一，在动态商业环境下阐明企业环境伦理对可持续发展的影响作用和机制。在动态环境中，随着环境问题的蔓延，企业对环境所承担的社会责任越发受到关注。在现有研究中，学者从不同领域和视角建立了环境伦理的理论框架，其中多是对环境伦理概念与内容的梳理与划分，也有部分研究将环境伦理的概念应用于企业战略中，从绿色资源或绿色发展角度出发探究二者之间的关系。这些工作虽然针对环境伦理对企业的影响进行了剖析，但仍缺少在动态环境下阐释企业如何将环境伦理应用于环境战略中以获得可持续的竞争优势产出问题（Henriques and Sadorsky，1999）。为此，在大量查阅与分析现有文献的基础上，笔者从企业环境伦理起源、分类、结果变量等因素入手，讨论企业推进环境伦理认知进程的原因，探究环境伦理对企业竞争优势的影响机制，为企业可持续发展提供借鉴。

第二，明确前瞻型环境战略对企业环境伦理与企业竞争优势影响的中介作用，为企业绿色与可持续发展提供战略性意见。面对日益严峻的环境问题，企业对环境治理采取的战略措施必不可少。依据企业绿色发展类型，Wartick 和 Cochrane（1985）开创性地提出了前瞻型、反应型、防御型及适应型四种绿色战略模型。其中，前瞻型被视为最有效的企业绿色战略模型，也是实现企业可持续发展的重要手段之一，在将企业社会责任与企业运营进行有机整合的基础上，主动应对环境问题并减少企业经营活动对环境的负面影响（Sharma and Vredenburg，1998）。基于自然资源基础理论，本书将绿色战略，即环境战略，作为企业环境伦理与竞争优势关系研究的切入点，探索前瞻型环境战略在环境伦理与竞争优势间的重要作用，为企业建立可持续性的竞争优势提供管理启示。

第三，通过挖掘前瞻型环境战略与绿色创新在企业环境伦理与竞争优势中的传导作用，构建链式中介模型并进行中介路径比较分析，为企业建立竞争优势提供新途径。环境伦理的缺失使企业未能从思想根源上认识到环境价值观对企业活动的重要性，造成资源使用的低效率，而提高资源利用率的有效方式之一就是创新。创新补偿理论指出，优先进行绿色创新的企业会获得溢价带来的补偿，进而使企业获得先驱者优势。为此，本书将深入探讨前瞻型环境战略与绿色创新的关系，验证企业在建立环境伦理价值体系后形成的前瞻型环境战略能否进一步地激发绿色创新，同时通过链式路径比较分析，为企业可持续发展提供管理建议。

第四，探索企业利益相关者压力与冗余资源的调节作用，通过整合分析各阶段的中介与调节效应，建立调节中介模型，为企业提供更全面的管理启示。现有研究虽然肯定了环境伦理对企业长期发展的积极作用，但仍有研究质疑环境伦理不仅分散了企业对核心业务的重心，同时增加了经营成本，给企业带来了负面影响。同时有研究发现，企业绿色战略随外部商业环境的变化而变化，因此，企业制定的绿色战略不一定能切实促进创新（González-Benito 等，2010）。为解决以上矛盾和困惑，本书在探索企业环境伦理与竞争优势的影响机制模型中加入了外部与内部调节变量，探究企业同样重视环境伦理培养却导致不同效果的原因，同时帮助企业厘清构建环境伦理价值观、更好地落实前瞻型环境战略、激发绿色创新的有效路径，提高企业对外部环境压力及内部环境认知的重视程度。

第五，明晰动态的商业环境对企业整体环境责任管理部署的调节作用，建立调节模型，为企业在动态环境下建立有针对性的环境战略提供启示。现有对企业环境责任的研究多是建立在恒定不变的商业环境假定中，探讨诸多要素对企业可持续发展和绩效的影响，但是由于商业环境是一直变化的，其开放系统理论、权变理论、种群生态理论、合作竞争理论等均从不同视角识别环境动态性对组织战略的影响。因此，为进一步结合实际分析企业环境责任，为企业绿色可持续发展指明方向，需要在研究中加入商业环境动态性作为调节变量，探讨企业在不同商业环境中采取不同环境战略及承担不同环境责任的原因，提高企业环境战略制定的可行性和现实性。

二 研究内容

本书将从 Meta 分析和实证研究两大方面展开研究。

（一）Meta 分析：企业环境战略对企业财务绩效的影响

许多学者认为，企业环境战略与企业财务绩效之间存在双向正因果的论证，即认为环境战略与企业财务绩效可以相互转化且二者能够形成双向因果的良性循环系统。实施绿色战略的企业不仅能够对产品与工艺进行不断革新以降低组织行为对环境的负荷，强调对自然环境的正外部性，如在生产阶段减少有毒物质的使用，研发可生物降解的材料等，以提高财务收益。反过来，企业获得的财务资源可用于再投资，即进一步完善并实施企业绿色创新战略，以期实现企业长期的市场优势。

Meta 分析，也称元分析，主要是对大量研究对象相同但其结果不同的实证研究进行统计和归纳的一种定量分析方法，可最大限度地降低抽样误差与测量误差，克服单个研究的统计缺陷。此外，Meta 分析不仅能够分析变量间的相关性，同时能够将影响变量间关系的测量因素和情境因素纳入模型中实现多角度探究与分析。目前在管理领域中，Meta 分析应用也十分广泛，如姚山季等（2009）通过 Meta 分析探究产品创新与企业绩效的关系。本书采用 Meta 分析对企业环境战略影响财务绩效进行研究主要基于两个原因，一是以往关于环境战略与企业财务绩效的实证研究数目多，因而满足进行 Meta 分析的基本要求；二是 Meta 分析能够整合环境战略与企业财务绩效关系的定量研究，增大样本量并通过测量因素和情境因素的调节作用改进检验结果，以得出更为客观的结论。

（二）实证研究：企业环境伦理对企业可持续发展的影响

1. 企业环境伦理对竞争优势的影响

许多学者认为，企业环境伦理是企业正确处理与自然环境之间关系的基本理念、原则与方法，可引导企业自觉减少环境污染行为。这些学者虽然肯定了环境伦理对企业绿色行为的指导作用，但未明晰环境伦理对企业竞争优势的影响机理以及如何通过环境伦理制定环境战略以达到激发创新、实现竞争优势的目的。本书在企业环境伦理相关研究的基础之上，深化企业环境伦理对企业实践的影响研究，深入探究环境伦理对企业竞争优势的影响并通过理论分析和实证检验相结合的方式解决关于环境伦理对企业竞争优势影响的难点问题，有助于解决企业可持续发展难题。

2. 前瞻型环境战略的中介作用

依据战略选择理论，企业将前瞻型环境战略嵌入组织能力中可提高企业绩效（Porter and Van der Linde，1995）。目前国内外对前瞻型环境战略的研究多集中于前瞻型环境战略的分项研究和结果变量研究等方面，尤其是探索其对企业财务绩效的影响，较少深入挖掘其内部伦理驱动以及在构建企业竞争优势的机制过程中的作用。本书以梳理前瞻型环境战略相关文献为基础，探讨前瞻型环境战略在企业环境伦理和竞争优势中的中介作用，为企业绿色管理提供理论借鉴。

3. 绿色创新的中介作用

绿色创新是当前企业积累财富和开拓市场的关键。当企业将环境问题视为企业的一种机遇时，会在环保实践中投入更多资源，如对产品进行绿色化设计，在生产过程中使用环保材料和清洁技术等，使所提供的产品及服务最大限度地降低对环境的危害，为企业带来环境优势。现有关于绿色创新的研究虽较为丰富，但这些研究多是从外部制度压力或市场环境角度出发分析企业绿色创新行为，忽略了从企业内部出发的资源与能力对创新的作用。本书在对绿色创新相关文献进行分析的基础上，验证企业环境伦理能否通过企业绿色设计、清洁技术、废物循环利用等方面的产品、流程的创新行为实现企业竞争优势，探究产品绿色创新与流程绿色创新在企业环境伦理与竞争优势间的中介作用并将两种绿色创新类型进行对比分析。

4. 利益相关者压力的调节作用

企业在制定环境决策和实施企业环境行为的过程中会受到来自员工、消费者、供应商、社区、媒体、环保组织等企业战略制定与目标实现相关群体对企业施加的压力，如消费者加大对环保的需求，抵制具有环境污染行为的产品或服务，政府加大对环境污染企业的惩罚力度，供应商拒绝和有环境污染行为的企业合作等，都有助于督促企业将环保因素融入企业伦理层面，促进企业从根源上认识到提升环保文化、道德等环境伦理的必要性和重要性（Clarkson，1995）；积极开发企业资源与能力推进企业环境伦理体系构建，使企业在环境道德和环境承诺的影响下可持续发展，进而获得相较于其他竞争者更为明显的优势。基于此，本书探索利益相关者压力在企业环境伦理与前瞻型环境战略之间的调节作用以及对企业竞争优势的影响。

5. 冗余资源的调节作用

根据自然资源基础理论，环保资源是企业重要的资产，资源的富足可帮助企业在制定精准的组织战略基础上促进战略高效实施。然而现有研究主要从目标冲突、组织效率与创新等方面探讨冗余资源对于组织行为的意义，多角度证明了企业内部诸多剩余资源与企业战略、企业行为选择相关，较少有研究将资源冗余与绿色发展理念相结合，尤其在我国，冗余资源的绿色要义并未引起学术界的重视。冗余资源数量不仅可以影响组织成员对其组织的理解与认可，使之形成更为强大的力量，从而改变企业“僵化”的运营理念及模式，还可依照消费者绿色偏好变化制定战略以满足市场最新绿色需要，促进产品及流程绿色创新（杨静等，2015）。因此，本书将冗余资源作为调节变量引入模型，探究冗余资源对前瞻型环境战略与绿色创新关系的影响。

6. 商业环境动态性的调节作用

资源依赖理论认为，企业资源的积累是由企业内部决策与外部环境选择共同影响的，因而企业需将外部商业环境因素纳入企业战略活动中。Dutton 和 Dukerich（1991）认为，商业环境动态性是组织创新的源泉，而高动态性的商业环境会强化组织创新与组织绩效的关系强度，即有助于企业突破发展“瓶颈”，形成长期竞争优势。相较于稳定的商业环境，处于高动态商业环境中的企业会因避免财务收益被商业风险稀释而大胆采取创新战略，积极针对研发技术和市场需求的快速更迭不断更新知识，改变企业“认知惯性”，依照最新技术及消费者偏好变化进行产品与流程双重创新，以规避财务风险；同时，获得进驻新市场的先驱优势，提升其财务绩效水平。因此，本书将商业环境动态性作为调节变量引入模型，探究商业环境动态性对企业环境责任整体战略的影响。

7. 链式中介作用与调节中介作用

企业战略决策选择和导向决定了企业实践的方向，说明企业前瞻型环境战略与绿色创新行为之间可能存在积极的联系。环境管理理论从绿色管理的战略高度出发，认为创新与可持续发展是环境管理的核心和目标，而战略制定上的差异往往会影响企业进行不同的创新行为选择。现有关于前瞻型环境战略与绿色创新之间关系的研究虽已较为丰富，但研究多是探索前瞻型环境战略对企业绿色行为的影响。企业环境伦理为企业提供了关于环保的价值观、规范与道德标准，帮助企业制定与落实前瞻型环境战略，使企业系统地指导企业绿色实践，在产品和流程上不断创新，提高环保水平，使企业实现竞争优势（Chen 等，2014）。为此，本书探索前瞻型环境战略与绿色创新在企业环境伦理与竞争优势之间的链式中介作用。此外，根据 Edward 和 Lambert（2007）提出的被调节的中介模型，探讨利益相关者压力的变化是否通过前瞻型环境战略影响企业环境伦理与企业竞争优势的关系，冗余资源是否通过绿色创新影响前瞻型环境战略与企业竞争优势的关系。

三　研究意义

（一）理论意义

第一，本书将企业环境伦理作为企业伦理的环境要义引入研究模型中，对传统企业伦理研究进行了补充，使企业反思自身环境责任。现有研究普遍认为企业加强伦理方面的认知有助于企业在处理内外关系中形成道德规范和伦理精神，提升企业道德（朱贻庭、徐定明，1996）。但鲜有研究将企业伦理赋予环境要义，采用实证方法探索企业环境伦理对形成企业竞争优势的影响；同时，针对企业伦理的研究，现有文献多集中探究其对企业绩效的直接影响，忽略了其对竞争优势形成过程的影响。为弥补现有文献的不足，本书采用实证研究方法探究企业环境伦理与企业竞争优势的关系，验证企业在处理自然环境与社会环境中遵守的环保责任与环保行为准则对企业绿色管理与竞争优势的影响，破解企业如何通过履行环境责任和环境准则提升企业竞争优势的难题，为企业积极承担环境责任、推进企业绿色管理提供理论依据。

第二，本书深化了绿色创新方面的内容，构建了绿色创新的中介模型，明晰了前瞻型环境战略与绿色创新的深层次关系，通过对比不同类型的绿色创新，识别了企业竞争优势的伦理影响最优路径。已有关于绿色创新的研究较为成熟（Chen 等，2016），但多是探究其对企业绿色管理影响的相同模型，忽略了深层次分析绿色创新在整个企业伦理与竞争优势建立中的作用和影响过程。为此，本书提出了在企业环境伦理与企业竞争优势之间前瞻型环境战略与绿色创新的链式中介作用，为企业建立有效的竞争优势提供绿色管理思路。

第三，本书丰富了企业前瞻型环境战略研究，为企业更好地实施绿色管理与实践提供理论依据。虽然目前关于企业环境战略的研究与成果较为丰富，且研究多是肯定了前瞻型环境战略对企业可持续发展、承担环境责任的积极作用，但仍缺乏进一步探讨影响前瞻型环境战略制定的伦理因素。为此，本书采用实证研究方法探究前瞻型环境战略在企业环境伦理与企业竞争优势中的中介效应，分析企业环境伦理—前瞻型环境战略—绿色创新—企业竞争优势的链式反应，为企业实施环境管理提供有意义的理论思路。

第四，本书依据资源基础理论、利益相关者理论和动态能力理论，分析影响企业竞争优势获得的企业冗余资源和利益相关者压力的双重作用，同时考量商业环境动态性对整个企业履行环境责任的边界影响。企业处于始终变化的市场，因而企业应随外部商业环境的变动进行及时调整与创新，为此引入商业环境动态性，深入分析动态情景下企业履行环境责任的情况。利益相关者是在动态的商业环境中推动企业变革的重要驱动力（李卫宁、吴坤津，2013）。因此，本书引入调节变量利益相关者压力，深入探究其对企业环境伦理、前瞻型环境战略以及企业整体竞争优势的调节效应。

企业的冗余资源有助于促进企业能力的形成与发展。但以往关于环境战略与绿色管理关系的研究仅将企业特征等因素作为控制变量，或是从资源承诺视角分析影响二者关系的调节效应（Ryszko，2016）。对于企业而言，组织资源固然是企业重要的资产，但能够帮助企业制定组织战略并促进战略高效实施的资源并不仅仅是专项资源，未利用的产能资源、剩余的人力资源以及多余的设备、财力等冗余资源既可应对商业环境的变化，也可最大限度提高资源利用效率，是促进企业可持续发展的重要资源。因此，本书引入调节变量，即冗余资源，深入分析冗余资源的两个维度对企业制定前瞻型环境战略与绿色创新关系的调节效应，为企业绿色管理研究提供新的理论依据和新思路。

（二）实践意义

第一，本书在指导企业承担环境责任、实施环保行为上提供更为明确的指引。在当今的知识经济时代下，企业不仅仅需要继续研究人才、技术等影响企业可持续发展的硬因素，还要思考和挖掘商业道德、环境伦理等影响企业可持续发展的软因素。尽管企业社会责任强调了企业承担环境责任的重要性，但对企业而言，在实践中如何切实提高组织对于环境责任的认知仍是重大难题。之前的研究关注企业在外部利益相关者压力、制度压力等外部商业环境压力下所承担的环境责任，但忽略了企业如何从内部认知角度驱动企业社会责任中的环境责任行为（Chen 等，2016）。本书从企业内部出发，探索影响企业环境责任认知的内部伦理因素，为企业进一步提升环境认知、履行环境责任提供指引，为推进环境管理提供思路。

第二，本书对企业积极实施环境战略、提升企业竞争优势方面有现实指导意义。以往的实证结果表明，企业施行不同的环境战略具有显著差异，如实施反应型环境战略的企业只为符合环境法规最低要求而被动调整战略，使企业难以长久保持行业竞争优势。本书认为，企业应主动承担环境责任，以发展的眼光和积极的姿态应对环境问题，主动将环境纳入企业管理的方方面面，最大限度降低企业行为对自然环境的负荷，提升企业自身的绿色管理能力，实现经济绩效与环境绩效的双赢。因此，本书从资源与能力视角出发，探索企业在企业环境伦理影响下通过前瞻型环境战略的制定提升企业竞争优势的过程，为企业管理者更好地制定环境战略提供管理思路，也为激发企业绿色管理行为、建立竞争优势提供管理启示。

第三，本书为帮助企业推进产品绿色创新与流程绿色创新的积极性，激发企业管理者发展绿色创新提供新思路。绿色创新是实现可持续发展最核心的影响因素之一，督促企业将绿色环保理念注入产品研究和设计中，如选择可降解包装材料，减少废物残留；积极研发产品与生产设备，提高生产效率，降低废料、废气的产生与排放；打破各部门的隔阂，促使企业内部各部门间的绿色合作，共同为企业制定更有效的环境战略而努力等，这些企业行为都是将绿色元素融入产品生产流程、管理思维等企业各环节中，本书通过分析企业绿色创新行为，为企业在激烈的市场中获得竞争优势指明方向。

第四，本书对边界条件的探究有助于企业识别利益相关者压力并基于此改善企业行为与实践、优化配置资源的投入与冗余资源的开发利用、促进企业绿色发展提供现实借鉴。随着不同群体对企业环境管理压力的不断增强，企业应积极履行环境义务，改良传统先污染后治理的生产运作方式，积极主动将环保理念贯穿于企业各环节，促进企业高效实现环境目标，为企业有效构建环境伦理体系提供借鉴。此外，已有研究证实，企业是资源的集合体，组织资源的充分利用有助于企业实施创新行为。然而，企业资源并不会主动且顺畅地转换为创新能力，企业内部或多或少地存在着各种类型的冗余资源。本书通过分析不同类型的冗余资源，探索冗余资源对于企业环境战略推进与绿色创新行为实施的重要作用，激发企业重新重视冗余资源对于企业绿色发展的重要意义并激励企业整合冗余资源的速度与效率，为企业提升竞争优势、坚持可持续发展道路提供管理借鉴。

第三节 研究创新点与方法

一 研究创新点

第一，基于自然资源基础理论并结合多学科内容，在企业竞争优势框架中引入企业环境伦理概念，为解决企业资源与能源浪费、污染等问题提供了新思路。已有关于企业环境伦理概念和内容的研究很少探究企业环境伦理认知这种特殊资源对于企业环境管理及竞争优势的影响。本书不仅回答了环境伦理为什么纳入企业战略的问题，而且解答了环境伦理怎样促进前瞻型环境战略制定、激发企业绿色创新行为、提升企业竞争优势的问题，改变了以往企业为建立竞争优势而采取“饮鸩止渴”以牺牲环境为代价拉动经济增长方式的固化思维，构建企业环境伦理体系，为企业发展寻求绿色、可持续发展道路。

第二，提出了环境伦理—环境战略—绿色行为—竞争优势产出的链式中介模型并明确其传导机制，为企业实现竞争优势提出了新思路和伦理范式。研究认为，与外部压力相比，企业内部环境伦理体系的构建对企业战略制定及优势产出至关重要，在企业构建的环境伦理体系下，组织内部提高其对环境道德、环境规范的解读并将这种理解作用于对企业环境战略的制定过程中，促进企业更好地进行产品、流程以及管理的绿色创新行为，进而帮助企业获得竞争优势。本书不仅补充了环境战略及环境管理的理论研究，也为企业管理者指明了可持续发展方向。

第三，引入利益相关者压力、冗余资源作为调节变量，构建调节中介模型，探索企业环境伦理对企业竞争优势影响的权变因素。基于现阶段企业未解决的关于环境管理的难题，本书进一步探索影响企业环保实践并建立竞争优势的影响和过程，更全面地从企业冗余资源和利益相关者压力双重视角出发整合中介与调节效应，提出被调节的中介整合模型，扩展了以往单一的研究路径并揭示了利益相关者压力与冗余资源对企业环境管理及竞争优势的重要意义，更深层次地分析企业环境伦理对企业竞争优势的影响机制；引入商业环境动态性作为模型整体的调节变量，充分考虑企业在动态环境内履行环境责任的情况，分析其在企业实施绿色战略和环境伦理认知中的影响。

第四，本书对比了前瞻型环境战略与绿色创新的不同链式中介效果，为企业提供实现竞争优势的最优伦理路径。以往研究在假设检验的过程中，多是仅验证中介作用，而忽略将不同中介效应进行对比，进而选择其中的最佳路径。本书对前瞻型环境战略、产品绿色创新和流程绿色创新在企业环境伦理与企业竞争优势之间的链式中介路径上的应用进行比较分析，得到链式中介效应最优解，为企业实现竞争优势提供合理化建议。

二 研究方法

本书主要采用文献分析法、问卷调查法和统计分析法进行研究。

第一，文献分析法。本书通过中国知网、谷歌学术、Web of Science、Elsevier Science 等中外数据库对相关文献进行回顾和述评，总结分析环境管理和企业环境伦理、前瞻型环境战略、绿色创新、利益相关者压力、商业环境动态性、冗余资源和企业竞争优势变量的发展历程和最新研究成果，针对现有研究中的矛盾点和不足予以补充和分析。基于自然资源基础理论、创新理论和利益相关者理论，同时借鉴社会学和统计学理论和方法，论证本书各变量间的关系，构建了本书的理论框架。

第二，问卷调查法。本书采用问卷调查法对研究内容进行实证分析，同时通过预调研和正式调研两种方式获取数据。选取东北地区、京津冀地区、长三角地区和珠三角地区的制造业为调研对象，调查问卷题项均取自国内外成熟量表。本书在此基础上结合中国最新情况、咨询相关领域专家学者对问卷进行再加工和设计并将此问卷发放于高校进行预调研，根据结果再次推敲题项形成最终问卷进行正式调研。

第三，统计分析法。收集问卷后，本书通过 AMOS 17.0，SPSS 20.0 等对数据进行整理与分析，对各变量进行信度与效度检验并在此基础上对各研究假设进行检验，采用了 Bootstrap 分析法和 PROCESS 程序检验中介调节效应和链式中介效应，通过复抽样技术估计统计量及其置信区间，弥补传统统计分析方法的不足，提高计算的准确性。

第四节 企业环境责任相关理论基础

一 自然资源基础理论

自然资源基础理论最完整的描述是由 Hart 于 1995 年提出的，他认为不断获取并充分利用绿色资源是获取企业竞争优势的关键并将理论主要分为污染预防、产品监管和可持续发展三部分内容。在此之前，Penrose（1995）在《企业成长论》中最先关注资源的作用，认为企业是不同种类的资源集合体，且企业优化增长需现有资源和新资源的不断动态平衡。随后，Porter（1985）提出，资源是企业能够进行战略设计与制定的重要依据。这里的资源不仅仅是指设备、厂房等有形资源，还包括知识、人力、文化、价值观、信息等无形资源。Barney（1991）认为，具有异质性和黏滞性的资源是企业业绩差异的根本原因，他总结了构成企业竞争优势的资源的四个属性，包括价值性、稀缺性、难以模仿性与不可替代性。其中，价值性是指企业资源能够为企业创造价值，稀缺性是指资源相对企业需求而言是有限的，难以模仿性指竞争企业难以简单复制企业具有的资源，不可替代性是指其他资源无法与被替代资源产生同样的影响效果。依据资源基础理论，企业内部存在的知识、文化、价值观等资源对企业竞争地位具有较强的解释力，是企业获得竞争优势的重要影响因素。

不同学者对企业战略管理理论的研究，其核心是对企业竞争优势的研究。对于企业而言，竞争优势既意味着合理的战略布局，也意味着超额的利润。在20世纪80年代之前，人们对竞争优势的研究主要侧重于外部因素（例如市场结构、国家的方针政策、居民的收入和购买力、科学技术的水平等）。这种认为企业竞争优势源于企业外部的思想被称为企业竞争优势外生论。而波特的五力模型和梅森的SCP分析范式则构成了企业竞争优势外生论的主要内容。但随着研究者对企业竞争优势外生论的研究深化，人们对其提出怀疑。因为竞争优势外生论仅仅只适用于企业在成熟产业结构中谋求有利地位，忽视了潜在行业机会与行业竞争。同时，一旦外部环境发生变化，企业为获取竞争优势，极有可能会放弃当前所拥有的产业链，再次去寻求竞争优势地位。因此，在人们对企业竞争优势外生论的探讨质疑中，学者开始将目光转移到企业内部，而资源是企业竞争优势内生论的重要组成部分。

二　企业社会责任理论

企业社会责任理论最早起源于20世纪初，它与当时的美国企业所有权和经营权的分离以及社会工业化变革息息相关，最主要体现在企业日益膨胀的权力（主要体现为对经济、政治和社会的影响力）与其所承担的责任不对等方面，导致企业与社会团体矛盾日益尖锐，人们要求企业承担利润最大化目标之外所应承担的责任。进入20世纪以来，人们对让企业承担社会责任的诉求越发高涨，但相应的理论发展并不是一帆风顺的，截至目前，学术界并没有对企业社会责任形成统一认识，因此，其发展过程仍然值得我们研究。

随着美国企业所有权和经营权分离，人们对企业盈利外所要承担的社会责任越来越重视，例如为消费者提供更多的服务、积极解决一系列与企业盈利没有太大关系的社会问题。但当时处于发展初期的企业社会责任理论并不成熟，且有许多学者认为这一说法是对传统经济学理论的颠覆，毕竟当时的主流风向是企业要以利润最大化为目标，且由于当时企业社会责任含义界限模糊不清，很难落实到法律和企业实践层面。20 世纪 30 年代到 50 年代，该理论的支持者与反对者进行了激烈的辩论。

随后，有越来越多的学者对企业社会责任思想进行批判，其中，传统经济自由主义者的批评最为强烈。部分学者认为企业最重要的应该是保证企业利润最大化，即保护与企业有最重要利益关系的股东利润最大化，而不是像政府部门那样承担非营利责任。1960 年，诺贝尔经济学奖得主哈耶克（Hayek）指出，企业社会责任是与自由经济原则相背而行的，是完全违背自由原则的；企业社会责任虽然让企业拥有根据自己的判断来承担部分社会责任的权利，但这只是短暂的，而且代价是高昂的，这就代表着以后政府对企业的干预有理由进一步加强。1962 年 Manne 在《对现代公司的“批判”》中指出，企业如果想在一个高度竞争的市场上存活，就不可能因承担社会责任而从事大量非利润最大化的活动；如果一定要这样做，很可能就无法生存。也有学者认为当时的企业社会责任思想含义模糊，也没有系统理论支撑。Smith 认为，企业社会责任理论含义模糊，没有明确定义，就这一点，足以让其失去存在的意义。1970 年，作为企业社会责任思想批判先锋代表的 Friedman 在《企业的社会责任》中指出，关于“企业社会责任”的讨论和研究存在理论结构和逻辑瑕疵，同时他认为，负担责任的主体必须是人，而公司在某种意义上作为一个由人组成的整体，并不意味着具有像人一样所需承担的责任。总而言之，在这一时间段的支持者和反对者所提出来的观点都为当时不算成熟的企业社会责任思想提供了宝贵的宣传意义，也促进了对企业社会责任思想更深层次的探讨。

在理论的每一个发展阶段都存在着支持者和反对者，每一个立场的代表都能拿出证明自己立场的理论，也正是这样，企业社会责任理论在学术界并没有一个明确的定论，但随着探讨的不断深入，企业应该承担社会责任的思想已被人们接受，并且学者对企业社会责任的讨论随着时代的变化而不断发展，每个时代的人相较于上个时代都有不同的时代需求，人们对企业社会责任的理解也是不断发展进步的，所以我们对企业社会责任思想的辨析也要随着时代的变化而作出调整。

三　创新理论

奥地利经济学家约瑟夫·熊彼特最早提出了创新理论，他认为创新是一个新的生产函数，要创造新的生产要素和生产条件引入企业生产体系中。这里的创新不仅是指技术变化带来的创新，非技术性变化，如组织创新等也同样不可忽视。依据熊彼特创新理论，包含新思想与新方法的组织创新强调“新”在管理实践中的重要属性，且对企业价值链行为、产业结构调整与升级、竞争优势产生影响。因此，依据熊彼特创新理论思想，绿色创新的研究不能脱离对创新理论的分析。

在熊彼特提出创新理论后，诸多学者对创新的定义和内容进行了探讨。Enos（1962）将“创新”进行明确定义，认为创新是资本投入、组织成立、战略制定、人力管理、开发市场等多种行为综合的结果；许庆瑞等（2003）进一步分析了企业全面创新管理理念，认为企业创新应以战略为目标，协同企业内部关于技术、组织、战略、文化等创新要素，使企业生产要素进一步与生产条件相结合，推动企业实践发展。通过对以上部分创新定义与内容进行总结，可将创新分为三个特性：新颖性、商业转化性和协同性。其中，新颖性强调创新将新的生产要素不断与新的生产条件进行整合；商业转化性强调创新能够将新产品、新工艺、新服务等转化为商业价值和企业优势；协同性强调创新并非企业进行的简易、单一的行为，而是一种复杂的涉及多内容、多因素的有机结合体。

随着学者对创新理论的深入研究，目前学术界针对创新理论主要分为两个学派：一是以罗森伯格、索罗、傅家骥等为代表的技术创新学派；二是以戴维斯、诺斯等为代表的制度创新学派。但相对于外部制度，如规模经济、交易费用、商业环境外部性等对企业创新的影响，企业进行内部技术创新对企业而言更具可操作性。本书对技术创新理论进行梳理，将不同学者的定义和侧重点总结如表 1－1 所示。

表 1－1　　技术创新定义和侧重点梳理

代表学者	技术创新概念	侧重点
罗森伯格	现有技术与产品的改进与提升行为	产品与工艺流程的创新
曼斯菲尔德	关于技术、工艺和商业化的全过程，有效实现新产品和新工艺的商业应用	技术与工艺商业化转化
阿玛拜耳	技术创新是企业内在创造力	组织创造力
迈尔斯	关于技术变革的复杂过程，不断通过新思想与新概念解决企业多种难题，并为企业提供商业价值	商业应用
OECD	从产品开发、市场销售到企业成功商业化的全过程	从开发到市场的全过程

资料来源：笔者依据资料整理。

通过梳理文献，本书研究发现，技术创新的侧重点从产品与流程工艺开始向商业化不断转化，体现创新在企业中得到运用的全过程。此外，通过梳理发现，诸多学者对创新的关注集中于对产品和流程的改进上。向刚和汪应洛（2004）指出，企业进行持续创新的动力源于企业内部创新文化、创新意识。Crossan 和 Apaydin（2010）在分析创新驱动因素时指出，企业战略、资源分配、组织伦理文化等管理手段可促进企业开展创新行为。企业不断引进新产品、采用新工艺、开辟新市场、践行管理新方法等促进生产要素与生产条件进行重新整合，是创新的本质，也是企业赢得市场地位的重要途径（Porter，1985）。因此，在探究企业环境伦理对企业竞争优势的影响机制过程中，创新的作用不可忽视。

四　利益相关者理论

利益相关者理论是企业社会责任的重要理论之一，其内涵是阐述企业发展不能脱离除股东外的社会群体利益，即企业发展追求集体利益而非某主体利益。利益相关者理论于 20 世纪 60 年代前后在西方国家逐渐发展并于 20 世纪 80 年代迅速扩大。

目前国外研究主要引用弗里曼（Freeman）的利益相关者理论、弗雷德里克（Frederic）的利益相关者理论、费雷尔（Frerell）的利益相关者理论和克拉克森（Clarkson）的利益相关者理论。

（一）弗里曼的利益相关者理论

弗里曼认为利益相关者是能够影响一个组织目标的实现，或者受到一个组织实现其目标过程影响的人。该界定不仅包括股东、债权人、雇员、供应商、顾客等直接影响企业活动的主体，还包括公众、社区、环境、媒体等间接影响企业活动的团体与个人。弗里曼也从所有权、经济依赖性和社会利益三个不同角度对利益相关者进行了分类。一是将持有公司股票的一类人，如董事会成员、经理人员等称为所有权利益相关者。二是将与公司有经济往来的相关群体，如员工、债权人、内部服务机构、雇员、消费者、供应商、竞争者、地方社区、管理结构等称为经济依赖性利益相关者。三是将与公司在社会利益上有关系的组织，如政府机关、媒体以及特殊群体称为社会利益相关者。

依据这种宽泛解释的定义，我们可以认为，任何事务都可以被称作公司的利益相关者。我们常常将利益相关者的范畴缩小到主要的、合法的个体和团体。但是，这种利益相关者理论在很大程度上已经排除了利益相关者中同公司运营和公司目标相去甚远的部分。如果公司在经营运作过程中分散了过多精力去解决不同利益相关者之间各不相同的要求，这样的公司连正常的经济运转都会很难进行下去。

因此，我们要对之进行细化并分析它所具有的或能接触到的利益相关者，要把握好利益相关者的范畴，也就是说，不能让一个才发展没多久的小公司也去承担巨头类型的公司才能承担的社会责任。但这也不意味着小公司不用去严格要求和把控自己，每个公司应随时提高自己的标准，从而让自身的利益相关者的关系网越来越壮大。

（二）弗雷德里克的利益相关者理论

弗雷德里克认为利益相关者是影响公司政策和方针形成的群体，并将其直接分为直接利益群体和间接利益群体。其中，直接利益群体包括股东、公司员工、债权人、管理者、客户和供应商，间接利益群体包括政府、社会团体、媒体、工会和竞争对手。直接利益群体与公司产生市场关系，间接利益群体与公司产生非市场关系。

（三）费雷尔的利益相关者理论

费雷尔认为利益相关者是指与企业有利害关系或共同权益的个人或机构，他们为企业提供各种有形、无形的资源，对企业的发展至关重要。费雷尔将利益相关者理论引入商业伦理与企业社会责任理论中，提出利益相关者框架理论，包括三部分内容。一是框架基础理论，利益相关者限定着企业伦理的议题，企业社会责任依托于利益相关者导向；二是框架核心理论，即识别利益相关者和利益相关者导向理论；三是利益相关者理论的工具路径，即在企业内部贯彻利益相关者关系程序、结构以及实践。费雷尔的利益相关者框架理论对企业商业伦理问题以及企业社会责任的研究具有重要的指导意义。

（四）克拉克森的利益相关者理论

克拉克森认为利益相关者为公司投入了人力资本、金融资本或具有价值的事务并由此承担了某种形式的风险。将该定义引入利益相关者的概念中来，让利益相关者的定义更加具体。克拉克森将利润持有人分为任何受益人和非自愿受益人，同时将第一受益人和第二受益人之间的利润分配给利益相关者和公司。如果让受益的群体参与，前者将无法生存。后者是指间接影响公司经营或受到公司间接影响、对公司生存起不到根本性作用的群体。

第二章　企业环境责任内容与可持续发展

第一节　企业环境责任理论构建框架

企业环境管理已成为学者研究的热点，尤其是西方学者对企业环境责任中如何制定企业环境战略、履行环境责任行为等已进行了大量研究，但现有研究多是直接分析前瞻型环境战略对企业竞争优势的影响，研究结构较单一，且研究多从制度、利益相关者、市场等外部因素静态探索影响企业环境战略制定与实施效果的因素，使企业环境决策的制定乃至企业环保实践行为带有随机性和不可控性，忽略了在商业动态环境背景下从企业内部角度切入，比如环境伦理从认知源泉上探索企业竞争优势的形成机理过程。

在企业整个生产经营过程中，创新必不可少。依据熊彼特创新理论，创新体现了组织创新中的新思想与新方法，强调这些新的生产要素和生产调节在管理实践中的重要属性，对企业价值链行为、产业结构调整与升级、竞争优势产生影响。而利益相关者理论进一步强调了员工、消费者、供应商、环保组织、媒体等利益相关者对企业战略决策和行为实践的重要性，企业需听取企业利益相关者的诉求与期望，改良其生产经营方式与行为。

本书基于自然资源基础理论、创新理论和利益相关者理论，在战略管理逻辑范式“资源—行为—优势”的基础上进行拓展，构建“伦理资源—战略制定—创新行为—优势产出”框架，在探索企业环境伦理对企业竞争优势形成的机理过程中，识别前瞻型环境战略与绿色创新的重要作用，构建以企业环境伦理、前瞻型环境战略、绿色创新、企业竞争优势为主的研究框架，探究企业环境伦理价值观对企业竞争优势的影响，验证企业履行环境责任的程度。

在此基础上，以往诸多学者在探究企业环境伦理和前瞻型环境战略对企业绿色创新行为影响时所获得的结论并不一致，这主要是由于学者忽略了企业环境管理对企业实践行为影响的边界条件，尤其忽略了外部环境的动态性对企业战略行为的影响。本书基于利益相关者理论和资源基础理论，以企业内外部相结合的方式，在企业环境伦理和前瞻型环境战略、企业环境伦理和企业竞争优势之间引入利益相关者压力，在前瞻型环境战略和绿色创新之间引入冗余资源，探索边界条件存在时各变量间的影响效果变化，同时考量商业环境动态性对企业整体环境责任履行的影响程度。同时，由于绿色创新包括产品绿色创新和流程绿色创新，冗余资源的引入也更好地分析了前瞻型环境战略对绿色创新中不同类型的产品与流程具体影响，为企业管理者提供更具可行性的建议。

据此，本书以企业环境伦理为自变量，以企业竞争优势为因变量，以前瞻型环境战略和绿色创新为中介变量，以利益相关者压力、冗余资源和商业环境动态性为调节变量，建立“企业环境伦理—前瞻型环境战略—绿色创新—企业竞争优势”的链式中介模型，探索利益相关者压力和冗余资源的调节中介作用。本书的理论框架如图 2－1 所示。

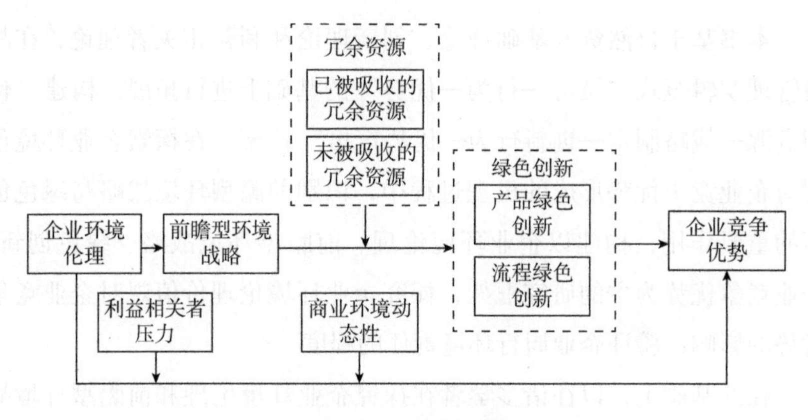

图 2-1 理论框架

第二节 企业环境伦理

一 企业环境伦理的来源与内涵

学术界关于企业环境伦理的研究来源于对企业伦理的研究。企业伦理是处理企业与员工、企业与社会等复杂关系的一种伦理精神，也是企业实施的一种企业道德。关于企业伦理的研究可以追溯到亚当·斯密时期，尤其是他在《道德情操论》中论述“道德人”行为的利他性，强调人类是世界公民，不可孤独存在，且人们需通过不断完善自我、遵守社会道德准则、承担更多社会责任等形成良好氛围以创造整个社会的和谐。但是，《道理情操论》未将这种伦理道德完全上升到企业组织层面，企业伦理仍是一种人性聚集的隐形规范。20 世纪 60 年代，美国工商业出现的一系列腐败行为浮出水面，民众要求政府针对企业出现的伦理行为问题进行调查，随之而来的“企业伦理”开始受到西方国家及学者的关注。20 世纪 70 年代，众多学者开始关注企业伦理与经济效益的关系，正式提出企业伦理概念并从不同角度对企业伦理展开系统性研究。美国学者 Lewis 在总结 254 种与企业伦理相关的文章、教材及著作后，对企业伦理进行了较为系统的概述，认为企业伦理为成员提供了企业行动的所有规则、标准、责任与价值观念（吴新文，1996）。在此基础上，朱贻庭和徐定明（1996）指出，企业伦理是伴随企业经营全过程的一种规范企业行为的伦理原则与价值取向，使企业在运营过程中处理内外关系时能够自觉约束行为、遵守企业道德准则。

随着工业革命的开始，人类生产经营活动带来的资源过度开发、大量污染物肆意排放给自然环境带来巨大负担，使生态严重失衡。为了修正这场环境危机，各国政府及学者均制定了相关环境法规并围绕环境保护展开了大量研究，以降低对环境的负面影响效果。联合国自1972 年发布《人类环境宣言》和 1983 年为解决全球环境危机而成立世界环境与发展委员会（WCED）后，人类活动与自然环境关系越发受到全球范围的关注，且在管理领域中环境管理逐渐受到重视，学者和企业家也越发发现经济的发展不能以破坏生态环境为代价，在注重经济绩效时更要注重环境绩效。因此，可持续发展理念的提出激发了学者对微观经济学中环境主体的研究探讨，肯定了企业的全球社会角色，也逐渐认知到人在与自然环境相处中也需要道德标准，即企业环境伦理不是企业实践行为的附加物，而是企业战略管理实践中的重要一环，将环境伦理的概念融入企业文化和管理对企业整体竞争优势起到重要作用（Chang，2011）。

企业环境伦理正是学者结合生态学和进化论后对传统企业伦理概念的拓展，使企业伦理与当下时代倡导的可持续发展相连，以构建人类命运共同体，同时能够解决由于人类重效益轻环保的认知与实践带来的困境，帮助企业树立环保意识、履行企业环境责任，实现企业可持续发展。对于企业环境伦理学，其立论的依据有很多，主要分成两类学说，即人类本位说和自然本位说（见图 2－2）。

第一，人类本位说强调人类对自然的支配与主导性，即弱化了人类的主导性，肯定了自然客观的内在价值。但这种现代人类本位说仍是强调人在自然中的主体地位，将环境纳入人类活动的考量过程中，

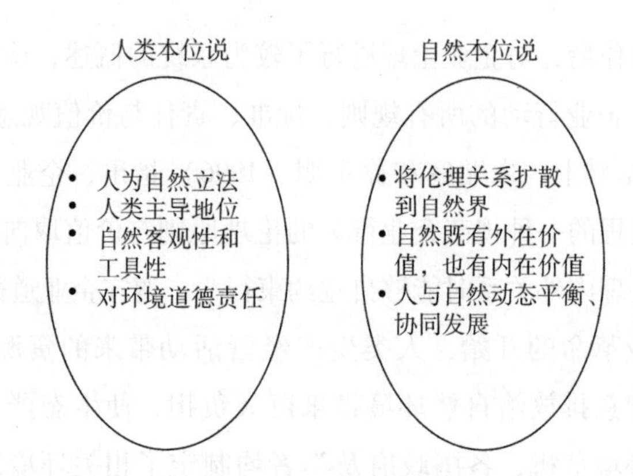

图 2－2　人类本位说与自然本位说观点对比

资料来源：笔者依据资料整理。

认为人类长远利益是进行环境保护的出发点，人类活动需对自然环境负责。Dowell 等（2000）经过研究发现，依照国际环保标准进行生产活动的企业具有更高的市场价值，因而呼吁企业遵守环保法规以实现更好的经济效益。而对于企业长期发展而言，姜雨峰和田虹（2014）发现，企业采取环境责任行为可促进企业竞争优势的实现。由此可见，在这种学说下，企业制定的环境战略与实施的环境行为是服务于企业长远绩效、围绕企业长期盈利而展开的。

第二，自然本位说则强调了人与自然的相互依存性，主张人与自然“协同进化”。与人类本位说不同，自然本位说不仅肯定了自然的内在价值，且认为这种价值具有不因人的主观偏好而转移的客观性，这意味着人应主动承担保护自然有机体的义务并基于人类活动与生态系统的平衡而主动适应与合理改造自然。这种义务观将目光更集中在人与自然的协调关系上，强调个人对于环境的感知并付出相应行为改善与环境的关系。从组织层面来说，由于生态环境中的行为主体相互依存，企业整体发展需与自然环境保持协同性和稳态性，即企业员工按照企业相应行为道德规范保证企业发展与自然的稳定平衡，实现“双标尺度”，使企业行为既有利于企业的市场表现，也有利于对自然环境的保护。

企业环境伦理是与企业发展息息相关的，也是企业承担社会责任的体现。与此同时，这种不可被竞争者简单模仿和代替的伦理价值观资源是企业重要的无形资本，可以为企业环境伦理行为提供指引，使企业主动将环境伦理融入企业战略层面，提升企业竞争优势（Barney，1991）。相反，由于环境是一种特殊的社会公共品，是人类赖以生存的基本需要，也是社会进步与经济发展的基础。若企业未重视企业环境伦理建设，仍进行先污染后治理等自利行为，会恶化企业与环境资源配置的关系，易引发伦理层面的"公地悲剧"，对企业发展乃至人类安全均造成极大的威胁。可见，企业环境伦理价值观的形成不仅有助于减少组织成员的自利行为，同时有助于建立企业整体环境伦理体系、促进企业发展并维护社会秩序。因此，对企业环境伦理进行研究更具有理论和现实意义。

目前学术界对企业环境伦理尚未有统一的定义与解释，且研究的外延也较广，学者从不同视角对企业环境伦理的定义进行研究。Ahmed等（1998）对企业环境伦理进行界定，认为企业环境伦理是企业内部关于环保方面的信仰、价值观与道德规范的伦理范式；Weaver等（1999）通过探索企业伦理的执行承诺和环境因素，将企业环境伦理定义为应对企业外部环境压力的重要组织道德承诺；在此基础上，Chang（2011）将企业环境伦理与企业组织文化紧密联系在一起，把企业环境伦理界定为组织文化关于环境问题的伦理信念；黄俊等（2011）在探讨企业环境伦理与企业可持续发展关系时，提出企业环境伦理不仅是构成组织文化的重要因素，还是组织的环境价值观和企业公民行为预期的一种体现；杨栩和廖姗（2018）将企业环境伦理定义为在生态可持续性和人道主义前提下，企业在处理企业业务与自然关系时所遵守的道德准则，强调企业经济行为的可持续性。

通过以上对企业环境伦理定义的梳理不难发现，随着可持续发展和企业绿色发展理念的深化，企业环境伦理不仅仅是一种规范和约束，更是一种重要的组织文化和承诺资源，且企业环境伦理渗透的范围也随着时代的发展更深入地融入企业组织战略决策、生产经营等方方面面中，使企业立足于人与自然的协同关系中。基于此，本书将企业环境伦理界定为：一种将环保意识融入企业价值观、组织战略以及生产经营全过程而形成的关于组织环境文化的伦理资源，使企业将环保相关问题中的价值观和伦理行为规范化。

二　基于自然资源基础理论的企业环境伦理

随着生态环境的恶化，环境问题成为企业在管理中不可忽略的因素。Shrivastava（1995）将企业环境伦理价值观解释为污染防御中的组织资本资源并认为其反映了企业环境责任行为的先导性认知。Hart（1995）把这种企业中的环保文化资源视为企业具有的关键资源，能够驱动环境战略，减少企业成长和发展过程中的环境负担，使企业占据优势。只有坚持并执行关于环保的伦理价值观资源，使组织成员理解并认同企业环境道德规范与准则并将组织、团体、个人紧密联系在一起建立关于环境管理与绿色发展的共同信念，才能充分发挥组织资本资源的重要作用，使企业从根源上纠正企业自利行为、推动企业清洁生产与绿色经营，实现真正可持续发展并获得竞争优势。依照Weaver等（1999）、Chen等（2014）对企业环境伦理内容的划分，认为企业具有的沟通、规范、培训、协调、反馈与惩戒的资源与竞争优势具有积极关系，具体如图2－3所示。

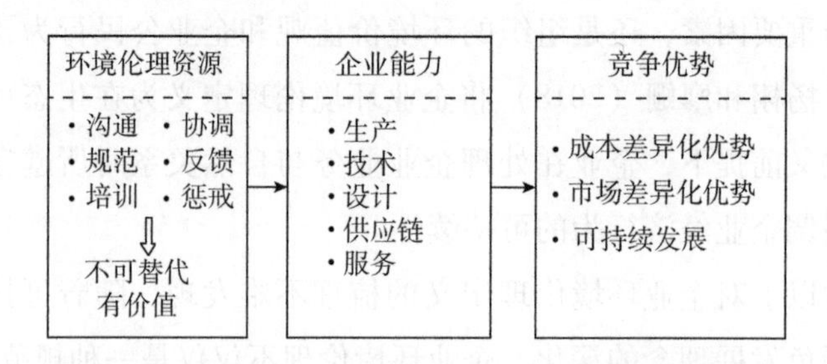

图2－3　基于自然资源基础理论的企业环境伦理模型

资料来源：笔者依据Hart（1995）、Weaver等（1999）整理。

Hart（1995）强调了环保资源的重要性并肯定了其中的价值性与不可替代性，认为这样的资源能够帮助企业树立良好道德，减少资源浪费，同时能够提高企业生产效率，鼓励企业进行绿色设计并积极研发更先进的清洁技术，降低企业产品生产周期的负外部影响，完善绿色服务和供应链环节，在多层面与多角度地降低生产经营成本的同时增强市场竞争力，甚至帮助企业获得可持续发展。综上所述，资源基础理论和可持续发展理念的结合所形成的自然资源基础理论诠释了一种新观点。环保理念下开发的伦理资源有助于企业营造绿色氛围，构建企业绿色文化，从而在这个过程中形成新的、稀缺的、难以复制的资源，使竞争企业难以轻易模仿与复制，使企业在市场中建立壁垒，获取独特的竞争优势。

三　企业环境伦理的分类与测量

在国际环境法律法规和利益相关者压力的影响下，环境问题已是企业不可回避的话题。从内部组织文化及价值观方面强化环保认知成为企业获得市场先驱优势的关键。多位学者将这种组织环保承诺及价值观资源解释为企业环境伦理，认为只有将组织、团体、个人紧密联系在一起并建立关于环境管理与绿色发展的共同信念，才能使企业从根源上纠正企业自利行为、推动企业清洁生产与绿色经营，从而实现真正的可持续发展。从现有国内外研究来看，企业环境伦理是在传统企业伦理内容的基础上进行的延伸，其分类和测量都主要依据对传统企业伦理的分类与测量。

基于可视化角度，Jose 和 Thibodeaux（1999）将企业伦理分为内隐和外显两种类型。其中内隐形式主要包含组织伦理文化及开放式沟通等，而外显形式则主要包含道德规范和伦理评估委员会等。通过无形的组织文化、价值观及沟通影响，加之组织关于伦理制度化的机构及规范，使企业从内外两个方面构建较完整的伦理体系。在此基础上，

Henriques 和 Sadorsky（1999）融入环保概念，提出企业环境伦理应包括环境政策和环境伦理计划的外显部分以及包括企业环境安全伦理认知和与利益相关者进行伦理沟通的内隐部分，并在测量上按照此分类方式共设六个题项，以测量出企业环境伦理在企业中的落实程度和企业规划对环境保护的程度，具体题项如公司具有明确的环境政策，公司的预算计划包括环境投资和采购的关注等。

Weaver 等（1999）打破企业内外划分模式，将企业伦理本身视为一个完整的控制系统，依据企业伦理系统的规范、培训、监督执行、协调、反馈及惩戒部分，将企业伦理分为伦理规范、伦理组织、伦理沟通、伦理专员、伦理培训和纪律程序六个方面，形成了在战略管理领域中对企业伦理研究引用较高的分类方式。在企业环境伦理研究方面，诸多学者如黄俊等（2011）、Chen 等（2014）等按照 Weaver 等（1999）的研究对企业环境伦理进行分类，认为企业环境伦理的建立包括构建企业绿色文化、制定企业环保道德章程、实施组织环境承诺等企业环境道德规范，对组织成员环保行为进行评估的督查、对组织员工进行环境保护认知的指引与培训和对违规组织关于环境污染自利行为的惩戒等内容，形成了企业环境伦理较经典的划分内容，具体如图 2-4 所示。

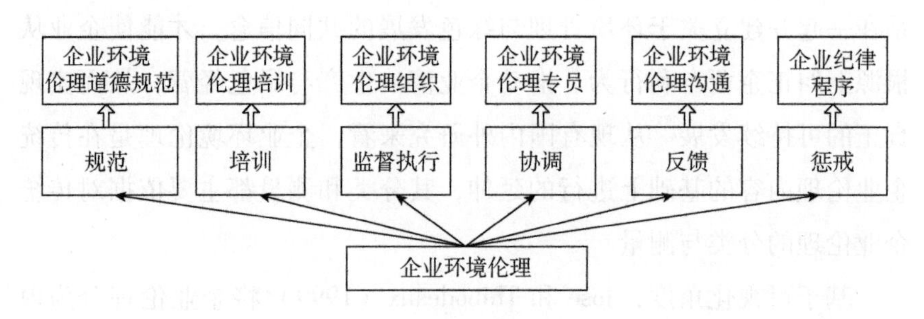

图 2-4 企业环境伦理内涵

资料来源：笔者依据 Weaver 等（1999）、Chen 等（2014）整理。

其中，企业环境伦理道德规范是指企业拟定相关行为守则和政策文件对全组织环保价值观和行为赋予道德期望要求；企业环境伦理培训则强调企业伦理体系中的环保认同机制，这种对企业环境伦理的认同是指组织成员共同制定的关于企业环境伦理的解释性计划，赋予了企业行为关于环保道德层面的意义，通过对企业进行环境伦理道德相关的培训，使组织成员能够主动识别环境伦理问题并做出正确的应对和反应；企业环境伦理组织则是指在企业中构建关于环保的伦理监督机制，通过评估公司及成员的环境伦理行为确认企业环境伦理体系的完善程度并对环境违规行为进行检查；企业环境伦理专员主要是指企业环境伦理体系的协调机制，旨在协调企业关于环境的伦理政策或提供环保伦理价值观教育；企业环境伦理沟通强调企业对环境伦理行为的反馈机制，企业主要采用电话或邮件沟通等渠道为企业提供举报或寻求指导的途径；企业纪律程序是指企业环境伦理体系中的惩戒机制，是对违反道德规范行为的惩戒措施。

在测量方面，依照 Weaver 等（1999）的研究，Chang（2011）选取企业宏观视角，将企业环境伦理从环境政策、环保采购、环境计划与企业文化整合及环境计划与营销事件整合分类进行测量；与 Chang（2011）对企业环境伦理测量分类相似，Chen 等（2014）进一步在环境政策基础上增加了企业道德规范及企业制定的关于环保的规章制度两个方面，在环保采购投入方面增加了组织整体环境审计，在环境计划方面增加了组织环保沟通及培训相关的内容和考量企业对整体环境的预期结果，使测量量表更加具体。

此外，基于利益相关者视角，Rashid 和 Ho（2003）将企业伦理划分为消费管理伦理、企业员工伦理及供应商伦理三部分内容。夏绪梅（2011）等在 Rashid 和 Ho（2003）的分类基础上进行补充，增加所有者伦理、社会伦理和竞争者伦理三方面内容共同测量企业伦理情况。Kulkarni（2000）在分析企业环境伦理与利益相关者存在的信息不对称关系的过程中，将企业环境伦理识别为组织环境伦理和社区环境伦理两部分内容。此外，Gadenne 等（2009）还依据企业内部对环境伦理概念的反馈，将企业环境伦理总结成三个维度（企业整体伦理认知、成本—收益认知和环境态度）并结合与利益相关者的关系进行测量，共设六个题项，具体如企业倾向选择具有较高环保意识的供应商、企业关于环保的伦理性认知影响消费者购买等。

综合以上关于企业环境伦理的分类与测量方式，Chen 等（2014）对企业环境伦理的测量方式得到最广泛的认同与应用，其量表不仅是企业内部对环境伦理概念的直接反馈，而且容纳了环境伦理制定规范、培训、执行、监督与惩处，多角度且更加宏观地测量了环境伦理在组织中的应用程度。虽然也采用二手数据方式测量，但由于数据客观测量方式受企业可持续发展报告及传统会计限制，较难衡量组织内部的互动性和环境伦理在组织内的渗透程度，因此，通过调查问卷方式和被调查者自我报告形式对企业伦理概念进行量表测量更为广泛。本书选用 Chen 等（2014）修订的量表对企业环境伦理概念进行测量（黄俊等，2011）。

四　企业环境伦理的研究现状

（一）企业环境伦理的影响因素

现代组织理论强调组织存在的动态性，即认为组织是一种开放的系统，包含组织对外部环境的适应和对内部结构的调整，强调影响组织因素的双重性。此外，依据北京大学企业管理案例研究中心与经济观察报社共同举办的中国优秀企业评选活动，企业人力、财务资源、企业社会责任、企业形象、管理质量、企业创新能力等因素是考量“良好的企业伦理”的重要评选要素，说明企业内部资源与能力对于企业伦理的形成具有重要参考价值。而企业环境伦理作为企业伦理的新内容，赋予企业伦理环境新要义，也不可避免地受到内外部环境因素的影响。通过文献总结，影响企业环境伦理的主要因素可以总结为外部因素和内部因素（见图 2－5）。

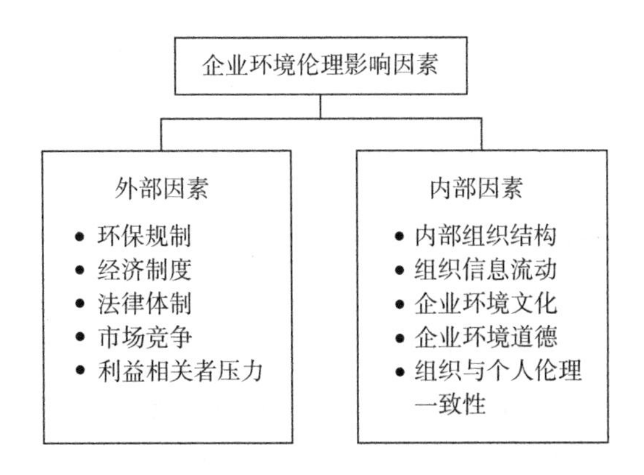

图 2-5　企业环境伦理影响因素

资料来源：笔者依据陈力田等（2018）与 Chang（2011）整理。

1. 企业外部因素

环保规制、经济制度与法律体制对企业环境伦理具有重要影响。国家环保规制与法律制度的不断完善有助于提高行业整体对于环保的伦理标准并形成一种社会判断力延伸至经济领域，促进社会可持续发展。而企业作为经济的“细胞”，存在于国家经济体制中，因而相关企业文化、价值观也受其经济制度的影响。我国“十三五”规划中明确强调落实绿色与创新理念的重要性，党的十九大报告也提出加快生态文明体制改革、建设美丽中国的要求。在此情境下，企业原有的以资源、环境为代价的发展方式受到政府环境规章、制度压力以及市场监督等多重约束，因而在面对环境规制及经济制度对环境保护的压力和诉求时，企业建设环保价值观与环境伦理在转变企业生产运营方式、切实促进企业绿色发展的过程中尤为重要。

此外，随着经济全球化的发展，市场竞争越发激烈。Reich（2008）发现，当企业处于激烈的竞争环境中时，这种竞争压力往往会使企业呈现趋利性发展，这时企业会将感知到的竞争视为一种威胁。在这种认知下，当企业行为并不会带来利润时，企业会放弃社会责任感和企业环保行为以使自身在商业竞争中存活。因而，在此情况下，当企业因感知到强大市场竞争而仅侧重企业利润时，企业所建立的环境伦理体系必会受到一定程度的影响。

依据利益相关者理论，媒体、政府、社区等外部利益相关者对企业构建环境伦理体系、监督企业环境伦理行为起到重要作用。通过政府对企业环境规范的严格监督、媒体对企业环境行为实施督导和曝光压力以及社会对企业环境要求等使企业在社会及政府监督下进行环境反思，有助于使之形成以环保为核心的伦理信念。

2. 企业内部因素

企业内部组织结构及组织信息流动对企业环境伦理产生影响。权变理论认为组织效力是环境变量与管理变量有机整合的产物，即组织中没有一成不变的管理规划，企业需要结合环境因素制定决策。依据组织学习理论，组织中新的知识与文化通常产生于没有固定范式的组织结构中。同时，本书研究发现，灵活的、扁平化的组织结构往往比等级制的企业更易改变经营方式，更能够接受新知识，打破企业“僵化”的经营模式，提高企业环境保护思维与价值观。当企业为员工提供环保价值观和构建伦理环境时，员工会由于环境效应而产生对组织环境伦理的认同感并积极与他人分享，不用担心因跳脱企业常规范式而受到惩罚。此外，信息的流动会影响组织形成统一的环境伦理价值观。由于组织中环境伦理信息的频繁交流，信息更新较快，企业拥有更多机遇继续整合、分享内部与外部关于环境伦理信息与规范，发挥其协同作用，进而促使企业构建全面的环境伦理体系，减少道德危机的产生，有利于实现更高水平的企业环保创新行为。因此，组织结构及组织信息流动影响企业环境伦理观的形成。

企业环境文化与环境道德也是影响企业环境伦理构建的重要因素。熊胜绪和黄昊宇（2007）指出，企业环境文化不仅有助于企业形成良好的环保氛围和构建环境道德，也是企业管理效率提高和持续发展的重要保证，能够促使企业树立良好的环境价值观和企业环境伦理观。在这种环保氛围的影响下，积极的、具有前瞻性的企业环境伦理是企业文化的精髓所在。而对于企业环境道德而言，仅将符合环境法律法规以避免企业生产经营受处罚作为目的的企业环境道德准则虽然会促使企业依据规范进行制度化执行，但是不利于企业进行道德判断，削弱了企业战略及认知的前瞻性，影响企业环境伦理构建的主动性和效果。

此外，组织与个人伦理的一致性也影响着企业环境伦理价值观的建立。这里指的一致性不仅强调组织环境伦理与个人环境伦理的一致性，还强调组织环境价值观与个人环境价值观的一致性。研究认为，组织伦理一致性越高，越能在企业运营中发挥引导作用，使企业在伦理方面的绿色性越显著（Doh，et al.，2010）。而由于企业中普遍存在信息不对称问题，企业个体并不能充分领会组织环境文化及价值观核心精髓，当企业个体丧失对企业的信赖并对企业处理环境与经济关系时的策略产生怀疑时，会导致企业难以塑造影响组织个体的价值观和伦理观，影响组织价值观与个人价值观的统一性，使企业不能构建使员工信服的环境伦理体系。

（二）企业环境伦理对企业影响研究

1. 企业绩效

企业环境管理对企业绩效的影响一直是学术界研究的重点，Chen等（2006）通过研究发现，企业环境伦理是企业重要的无形资产，对企业经济绩效具有长期促进作用。但随着研究的深入，生态现代化理论认为经济绩效并不能全面反映现有企业综合表现水平，即环境管理的效果不能简单地用经营业绩衡量，而应在经济绩效的基础上融入可持续发展理念，构成更全面的企业可持续发展绩效；目前针对企业环境伦理与可持续发展绩效的关系研究主要存在两种观点：一是基于自然资源基础理论和可持续发展的生态学理论，企业环境伦理有助于提升企业可持续发展绩效；二是受合法性影响，企业环境伦理与企业可持续发展绩效存在倒“U”形关系。

Chang（2011）认为，企业环境伦理作为企业关于环保的关键资源，对企业实施绿色实践、激发消费者绿色意识、迎合经济社会低碳发展具有重要意义。根据可持续发展的生态学理论，企业要依据环境伦理的道德规范提高能源利用效率、促进企业与自然协同发展、持续改进组织内部自我调节功能，以符合经济社会可持续发展要求并帮助企业进行长远战略性布局。这种布局并不仅仅使企业获得短期经济效益，更使企业建立符合绿色时代发展趋势、抵御潜在竞争者威胁、适应外部市场不断变化的态势。企业环境伦理资源作为企业稀缺、有价值且不易取代的资源，能够增加企业内部成员对环境管理的理解与认可，为企业管理者实施绿色行为提供道德和行为规范上的指导，有助于企业在产品等环节关注环境效益和企业社会责任，提升环境绩效和社会绩效。

但是，杨栩和廖姗（2018）指出，企业环境伦理在实施效果上存在有效边界，使企业环境伦理对企业可持续发展绩效的影响呈倒“U”形趋势。研究认为，企业在成长初期通过环境伦理体系的构建能够有效督促企业严格按照环境道德与规章进行生产经营活动，促进企业可持续发展绩效的提升。但当企业处于成长中期且具有一定知名度后会面临利益相关者的更多关注和更为严苛的规范标准，需要投入更多资本以延续环境伦理效果，使企业利润水平短期下降，甚至难以继续维持环境伦理对企业的影响，使企业无论在经济、环境还是社会绩效上均表现出疲态。但是，面对这种合法化问题，企业也在不断积累关于合法化的认知与理解，有助于企业从长期克服自身发展与利益相关者环境要求的匹配难度，促进环境伦理在企业中的正向影响（Chen and Cao，2023）。

2. 绿色智力资本

在当下的知识经济时代，学术界关于环境伦理的研究延伸至知识管理领域。依据社会交换理论，具有环境伦理的企业更易获得员工环境承诺与信任，有助于组织绿色知识与能力体系的构建。Chen（2008）结合当下环境需求和能够为企业创造知识、能力与学习的智力资本，提出绿色智力资本概念并指出环境伦理体系的构建，有助于企业从人力、结构和关系（H-S-R）三个维度提升企业绿色智力资本水平。

在企业环境伦理与绿色人力资本关系中，企业环境伦理为企业进行绿色人力资源管理的重要驱动因素，即在环境压力下，企业对内构建环保价值观，为应聘者提供了企业承担社会责任并积极履行环境责任的信号，增强员工对企业的信任与认可，也更易促使应聘者在入职后主动积累绿色知识与能力。虽然绿色人力资本根植于员工个体，但具有环境伦理的企业在处理员工对企业环保知识、技能、创造力、承诺等认知与行为时，能够通过有效建立环保道德规范，在招聘过程中更易吸引高潜力员工。

与绿色人力资本不同，绿色结构资本嵌于组织内部且不随员工转移，是人力资本的组织结构部分。企业通过构建关于环保的伦理价值观营造环保道德的氛围，为员工创建了共享式的绿色知识交流平台，使员工能够将个体知识集中于组织知识库中，形成组织绿色资源库，丰富企业绿色结构资本。此外，Jackson 等（2006）通过在组织中制定严格的环境规章和伦理监督机制，促进企业将环境管理理念更广更快地融入企业知识管理系统、绿色产品研发系统、信息技术系统、运营系统等，促进企业绿色专利、绿色商标等绿色知识版权申请。

对于绿色关系资本，Capello 和 Faggian（2005）将其定义为企业与客户、供应商、合作伙伴与网络成员间存在的关于环境管理的互动关系。在当下可持续发展的趋势下，王小锡（2014）认为，企业环境伦理体系的构建离不开其与企业利益相关者的多维关系，注重伦理沟通、伦理道德培训和监督的企业往往更易提高利益相关者的幸福指数。当企业具有严格的环境伦理守则和政策文件、完善的环境伦理反馈机制和沟通机制时，会更加慎重选择上下游企业并重视环境保护的价值观，使客户更加信赖企业所生产的产品，供应商更倾向于为企业提供绿色原材料，合作伙伴更愿意与企业建立长期合作伙伴关系。

五 小结

基于自然资源基础理论，企业绿色资源（包括有形资源与无形资源）是企业获取竞争优势的重要来源（Hart，1995）。环境伦理价值观作为企业重要的无形资源，能够影响企业战略决策制定的类型与方向。企业环境伦理概念是在生态环境不断恶化和环境管理日益兴起的双重背景下提出的，是企业社会责任中伦理责任的延伸。现有关于企业环境伦理的研究是在企业伦理研究的基础上结合了生态学、进化论等理论，使企业伦理研究更符合当下绿色发展需求。从内容上看，企业环境伦理不仅仅是一种规范和约束，更是一种重要的组织文化和承诺，包括伦理道德、伦理培训、伦理组织、伦理协调、伦理沟通和纪律程序六个方面，使企业立足于人与自然的协同关系中。

目前学者主要依据企业环境伦理内容、利益相关者角度、企业伦理是否可视化对其进行分类，其中最常用的是 Weaver 等（1999）提出的按照企业环境伦理内容进行分类，将其分为规范、培训、监督执行、协调、反馈及惩戒六部分。在测量过程中，由于受可持续发展报告、传统会计和组织内部互动性的限制，关于企业环境伦理的研究较难通过二手数据进行测量，因而采用使用范围较广且内容较丰富的 Chen 等（2014）修订的量表。虽然目前关于企业环境伦理的研究日益增多，但仍多集中于对其概念的界定和内容的探索以及探索企业环境伦理对组织机制的影响研究中，以往研究多从波特竞争理论、利益相关者理论等外部因素切入。虽然企业进行环境管理符合当下时代发展要求，但除环境规制等外部驱动影响外，企业内部如何通过构建伦理价值观体系实现最优发展，比如进行怎样的决策才能主动处理与自然的关系，如何通过价值观的影响进一步开展组织绿色行为，怎样能够将资源最大限度地与环境管理进行匹配以及怎样处理与利益相关者关于环境问题的关系，这些问题都有待学者和企业管理者解决，因而与此问题相关的方案，如企业稀缺资源的有效利用、企业环境道德和规范机制的建立健全、产品和流程的绿色创新变革、闲置资源的再利用和再开发等都值得进行深入探究。本书沿着这一思路，基于自然资源基础理论、创新理论和利益相关者理论，从企业绿色资源与能力视角切入，深入探索企业环境伦理对企业竞争优势的影响机制和过程。

第三节　前瞻型环境战略

一　前瞻型环境战略的来源与内涵

目前学术界在环境战略研究的基础上进行关于前瞻型环境战略的研究。正是由于企业生产导致能源大量消耗、碳排放量加剧等问题，学者认识到自然环境对企业发展及竞争优势已构成约束条件，企业必须积极响应“可持续发展”号召，不断探索并寻求企业低碳发展出路。但是，简单“漂绿”行为只是大肆宣传其绿色理念，并没有付诸相应环保实践，难以使企业真正占得绿色市场先机。只有切实将环境问题上升至企业战略高度，才能使企业进行全方面绿色改造，实现节能减排的可持续发展。由此，众多企业家和战略管理领域学者将关注点从直接利润和企业形象宣传转移到清洁生产和绿色管理上，思索怎样将环境问题更好地纳入企业战略决策的制定过程中（Sharma and Vredenburg，1998）。近年来，随着绿色理念和人类命运共同体理念的发展与延伸，绿色已渗透在企业各环节中，形成如绿色变革型领导、绿色消费、企业绿色成长绩效、绿色创新等新名词，也使企业不再轻视环境管理，而是将其认作企业战略中不可缺少的内容。Hart（1995）认为，环境战略是企业社会责任的环境要义体现，提出实施包括污染治理、产品管理和可持续发展三方面的环境战略并不是简单降低废物成本，而是最大限度多层面降低污染排放、提高原材料利用效率并使企业获得竞争优势。在此基础上，Sharma（2000）进一步概括认为，环境战略是企业管理与自然环境交互的商业模式，企业通过采取环保措施，遵守相关环保规章制度，降低企业行为对环境的负面影响。相比于国外关于环境战略的研究，国内学者对此领域研究起步较晚，刘彦平（2000）将环境战略认作实现企业生产全过程绿色化而制定的战略；杨德锋和杨建华（2009）认为，环境战略是围绕自然环境而形成的组织战略，贯穿企业产品设计、研发、供应链管理、产品生产制造、产品分销、废弃回收全过程。环境战略是符合当下绿色化新常态时代的要求，是遵循经济与环境协同发展的原则制定的企业战略，即包括企业仅为遵守法律法规而采取的基本、被动应对环境管理行为和为避免生态恶化而主动、自愿采取的具有前瞻性的环境管理行为。在此社会背景和企业发展要求下，企业应聚焦长远可持续发展，积极主动实施环境战略。

由于不同企业的环保理念不同，对环保问题的认知程度不同，处理环境问题的态度不同，因此，不同企业制定不同类型的环境战略。依据环境战略的定义和内容，本书对环境战略进行如下分类。

（一）依据企业对环境责任意识的重视程度分类

不同企业面对环境问题时的态度并不一致，一部分企业仅承担符合相关环境规章要求的责任，而另一部分企业将环境问题融入长期战略中，积极构建生态响应型企业。Hunt 和 Auster（1990）依据企业对环境责任意识的不同，将企业环境战略分为初始者、救火者、热心公民、实用主义者和前瞻者，从初始者到前瞻者体现了企业从对环境问题的模糊理解到积极主动应对环境问题。Henriques 和 Sadorsky（1999）将诸多学者提出的环境战略进行划分，如 Hunt 和 Auster（1990）提出的“实用主义者”和“前瞻者”部分以及 Roome（1992）提出的“优秀者”部分都纳入前瞻型环境战略范畴中，提出前瞻型、反应型、防御型和适应型四种环境战略。不同类型的环境战略反映企业对环境问题的认知及重视程度的不同。前瞻型环境战略强调企业对环境的高度重视和主动认知，不仅将企业各环节绿色化，而且积极对组织内部进行培训以使员工对企业环保行为具有认同感和使命感；反应型环境战略反映企业对环境责任的逃避，企业内部没有认识到环境管理的重要性，且组织内缺少相关环保报告和社会责任报告、培训以及高管支持等；防御型环境战略反映企业对环境问题处理的被动性，组织内环保行为仅为满足环境法规且缺乏较深入的环保培训；适应型环境战略体现企业环保态度介于防御型和前瞻型之间，组织内虽然有高管支持且承认绿色管理和环境责任的重要性，但仍在管理中缺乏对环保实践的主动性（Henriques and Sadorsky，1999）。此外，基于 Roome（1992）提出的服从者、跟随者和优秀者的环境战略划分方法，费显政（2006）将环境战略分为追随型、适应型、改变型和塑造型四种类型。虽然不同学者对环境战略有不同的理解和划分方法，但总体体现了企业管理者在环境认知上从消极漠视到积极主动的态度。

（二）依据企业对环境法规规章的不同态度和行为分类

基于企业对环境规制态度的不同，管理学界较经典的划分是 Roome（1992）提出的五种环境战略类型，即不遵守、遵守、遵守 +、商业与环境兼顾者和领导优势。从“不遵守”到“领导优势”体现了企业对环境规制从消极逃避到主动应对的态度，其中，“不遵守”是指企业在生产运营过程中不依照环保规章制度，逃避环境责任行为；“遵守”是指企业将环保视为一种发展威胁，只被动遵守环境规制要求，以免受到制裁；“遵守 +”是指企业并不局限于遵守环境法规要求，而是主动进行环保实践行为；“商业与环境兼顾者”是指企业在积极进行环境行为的基础上，寻找到使自然环境与商业发展平衡推进的模式，追求经济效益与环境效益的双赢；“领导优势”是指企业通过主动制定前瞻型环境战略使其在行业竞争中获得先驱优势，建立行业领导者地位，获得竞争优势。这种划分模型较完整地体现了企业从逃避、被动应对环境规制到主动遵守、全面推进环境管理获得经济与环境双赢，再到获得行业优势、成为领先者的不同阶段。Sharma 和 Vredenburg（1998）将 Roome（1992）的五种类型进行整合，把环境战略分为前瞻型和反应型。其中，前瞻型环境战略强调企业会主动遵守环境规章、优先处理环境问题并在此基础上积极参与自愿性的环境计划，而实施反应型环境战略的企业只有在感知外部压力的情况下才会被动地服从环境法规，以末端治理方式达到环境规章制度的最低要求。依照这种划分模式，Christmann 和 Taylor（2002）将环境战略具体分为主动型、适应型、防御型、能力构建型和反应型五种类型；马中东和陈莹（2010）将环境战略类型分为四种，包括规制应对型、消极策略型、风险规避型和机会追求型。

（三）依据企业制定环境战略的侧重点和绿色化进程分类

虽然环境战略都是为满足环境规制要求并减少环境污染而形成的战略形式，但不同企业对其战略的理解角度不同，对环境战略的结果预期不同，因而这种关注点和侧重点不同使环境战略划分不同。Rothenberg 等（2010）将前瞻型环境战略划分为商业、制度和技术三个方面，其中商业层面强调企业实施前瞻型环境战略有助于节约企业管理成本、提高利润，进而实现企业竞争优势，制度层面强调通过企业与其利益相关者间的互动树立企业环境行为的合法性，技术层面强调企业产品与工艺的改进与绿色创新使企业获得绿色技术优势。此外，一些学者将环境战略分为关注产品的环境战略和关注流程的环境战略两种类型（Hart, 1995）。其中，关注产品的环境战略反映企业侧重于与产品相关的绿色化，如绿色设计、绿色生产等；关注流程的环境战略反映企业侧重于企业运营流程的环保性，如更新清洁技术及设备、生产流程优化等。Sharma 和 Henriques（2005）着眼于企业污染治理与生态可循环系统，将环境战略划分为污染控制、生态效率、再循环设计、生态设计、生态系统管理和业务重新规划六个方面；Murillo-Luna 等（2008）从关注对象角度出发，将环境战略具体分为被动反应、关注环境规制反应、关注利益相关者反应和全面环境质量反应四种类型。以上分类虽然侧重点不尽相同，但这些分类多角度地反映出企业对环境问题越发重视，越发认识到采取前瞻型环境战略的重要性。

通过以上对环境战略的三种分类可知，前瞻型环境战略是环境战略中的重要内容，体现企业超越环境法规主动履行的环境责任与当下可持续发展社会目标趋同。Jennings 和 Zandbergen（1995）将自然环境压力纳入组织战略模型中，提出具有前瞻性的企业在发展上更具可持续性。诸多学者更是将前瞻型环境战略和企业绿色创新与发展、行业内竞争优势联系在一起，如 Cordeiro 和 Sarkis（1997）提出前瞻型环境战略能够为企业带来新的附加价值，通过新产品、新流程与新技术的发展可降低企业运营对环境的影响，促进绩效提高。在实践领域中，越来越多的企业开始采取前瞻型环境战略，如沃尔沃（Volvo）汽车制造公司在传统战略基础上，在组织生产、培训、管理、沟通、公共关系等环节中主动融入环保概念，侧重环保激励和环境控制，与利益相关者积极沟通企业环境行为使企业真正实施前瞻型环境战略（Rothenberg, et al.，2010）；3M 集团实施 3P（Pollution，Prevention，Pays）战略，通过在产品生产源头消除污染的方式主动践行环境战略。无论是从学术领域还是实践领域，前瞻型环境战略都是学者和企业管理者需关注并且应用的重要战略方向，因而对前瞻型战略的研究更具有理论与实践意义。

“前瞻型环境战略”（Proactive Environmental Strategy）的概念是由 Sharma 和 Vredenburg 于 1998 年正式提出的，强调企业主动定制环境战略并积极实施环境管理行为。随后，Sharma（2000）又补充认为，前瞻型环境战略是企业在遵守环境规制的基础上自愿采取的为减少企业运营对自然环境造成影响的一系列行为。Christmann 和 Taylor（2002）认为，前瞻型环境战略是指企业所有利益相关者自愿参与环保计划并运用资源与能力提升企业生产经营过程中关于环保与减少浪费的每个细节，以提高企业环境绩效。Anton 等（2004）将前瞻型环境战略总结为积极的环境实践的总和，既包含能够促进企业经济与自然环境的组织承诺，也涵盖超越环保规制外的无形管理与创新。Clemens 和

Douglas（2006）进一步总结认为，前瞻型环境战略所带来的企业行为是超越政府管制且能够促进绿色管理与环境目标的实现；Aragón-Correa 和 Rubio-López（2007）将前瞻型环境战略视为一种超出管制要求的自愿行为模式，主张在源头消除“三废”产生。可见，“主动制定”“超越环保法规”“旨在降低企业对环境负荷”成为国外学者对前瞻型环境战略研究最主要的三个特点。国内学术界对于前瞻型环境战略的研究起步较晚，且多是基于国外学者的研究结果，再结合我国企业环境战略进行探索研究。对于前瞻型环境战略的概念，不同学者从不同角度对其概念进行解读，如胡美琴和李元旭（2007）从企业整体价值链角度出发，认为前瞻型环境战略是组织在生产运营全过程中自愿实施的环境管理体系，不仅促进利益相关者积极参与，而且有助于企业持续创新，以减少企业行为对自然环境的负面影响；张钢和张小军（2011）从企业长远目标角度出发，认为前瞻型环境战略是企业为获得可持续发展优势目标而主动承担的企业环境责任。结合以上国内外学者对前瞻型环境战略的理解，本书将其定义为：通过环境质量管理与运用组织资源与能力，使企业符合可持续发展趋势、减少企业生产经营对环境负面影响的一种超越环保法规的自愿性环境保护战略形式。

除对前瞻型环境战略的定义研究，国内外学者对前瞻型环境战略涵盖的内容也进行了诸多探讨，根据文献，由于前瞻型环境战略内容涵盖范围较广且学者对其进行了大量分项研究，本书将其分项内容主要分为财务、利益相关者、内部业务流程和企业绿色成长四个主要模块，具体如表 2－1 所示。

表 2－1　　前瞻型环境战略分项内容

分项内容	因素	参考文献
财务	环境会计	Berry 和 Rondinelli（1998）
	绿色会计、绿色核算、绿色审计	秦书生和吕锦芳（2015）

续表

分项内容	因素	参考文献
利益相关者	绿色价值链重构	许晖等（2015）
	企业行为与组织社区的关联性	Jennings 和 Zandbergen（1995）
	绿色供应链管理（绿色采购、生态设计等）	伊晟和薛求知（2016）
	绿色联盟	焦俊和李垣（2011）
内部业务流程	产品采购、生产、销售、回收利用	张钢和张小军（2011）
	绿色消费	劳可夫（2013）
企业绿色成长	绿色人力资源管理	O'Donohue 和 Torugsa（2016）
	绿色组织结构	张庆生等（2010）
	绿色组织文化	Gürlek 和 Tuna（2018）

资料来源：笔者依据资料整理。

在财务方面，Berry 和 Rondinelli（1998）将环境会计认作前瞻型环境战略不可缺少的内容，认为这种环境会计能够识别并核算企业运营中出现的直接与间接环境成本，有助于前瞻型环境战略实施的准确性。在此基础上，秦书生和吕锦芳（2015）认为，在进行绿色 GDP 核算过程中，应主动将绿色会计、绿色审计、绿色核算纳入企业会计层面，主动推进企业生态保护工作的推进。

在利益相关者方面，Jennings 和 Zandbergen（1995）识别了企业行为与组织社区的关联性，且这种关联性督促企业树立企业环境价值观。许晖等（2015）从利益相关者角度出发，认为企业价值链的重构归结于企业特定利益相关者行为功能及其行为结果，发现绿色价值链重构能够整合内、外绿色资源，有助于实现绿色价值共创并推进企业环境战略实施，是企业创造竞争力的有效途径。焦俊和李垣（2011）提出绿色联盟概念并指出包含直接利益相关者的绿色互补资源和间接利益相关者的绿色社会关系在内的绿色联盟是前瞻型环境战略的重要内容，有助于企业实现绿色创新。伊晟和薛求知（2016）将企业绿色供应链分为绿色采购、生态设计、内部环境管理、投资回收等内容，探究了具有环境前瞻性的绿色供应链对企业绿色创新与绿色发展的重要作用。

在企业绿色成长方面，张庆生等（2010）认为，绿色管理的推进要求企业在决策、营销、财务、研发、人事、生产等内部结构方面都应具有环保思维，重构绿色组织结构以全面实践企业前瞻型环境战略。O'Donohue 和 Torugsa（2016）将绿色人力资源管理视为实践前瞻型环境战略的重要内容之一，通过增强员工环保信念、提升组织内部关于环保的组织承诺、激励企业发展绿色能力，更好促进企业绿色管理的发展。绿色组织文化是一种行为哲学能够影响并塑造组织认知与行为。Scholz 和 Voracek（2016）认为，在前瞻型环境战略下营造的绿色组织文化对企业绿色管理具有促进作用。Gürlek 和 Tuna（2018）在此基础上进一步延伸，发现绿色组织文化不仅利于激发组织绿色创新，同时利于企业获得行业竞争优势。

二　前瞻型环境战略的测量

早期研究虽将前瞻型环境战略进行维度划分，但并未对其构成进行测量。对前瞻型环境战略的测量始于 1998 年，Sharma 和 Vredenburg（1998）通过利用李克特七级量表法对概念进行测量，测量内容包括 10 个方面共 63 个题项，如降低对自然生物的负面影响、企业为保护自然环境承担的自愿行为、降低企业运营过程中“三废”的排放、减少污染事故、提高清洁能源使用、环境审计、环境信息披露等。与此类似，Aragón-Correa 和 Rubio-López（2007）同样采用李克特七级量表法对员工环保认知培训、回收与处理企业生产所剩的残渣及废料、产品生命周期的自然环境分析等内容，共计 14 个题项进行测量，更加侧重于企业的内部管理与培训。基于自然资源基础理论，Buysse 和 Verbeke（2003）从绿色生产、员工技能、组织能力、流程管理、战略管理计划 5 个方面对前瞻型环境战略进行测量，包括企业产品与生产过程的绿色化投资、员工环保相关技能培训、组织绿色能力投资、企业环境计划书、内外部环境报告、环境信息披露、高层管理者对环保认知及行为评价、环境绩效评价等，共 10 个题项。Sharma 等（2007）在已有测量方式的基础上进一步整合并结合酒店行业特征，进行了 17 个题项的问卷，内容包括使用无毒原材料、酒店内增加节水设备、使用可回收材料如亚麻布等、减少包装、采用可再生能源等，使对前瞻型环境战略的测量更符合所研究的行业特征。Murillo-Luna 等（2008）将前瞻型环境战略的测量重点放在企业对环保的投资和关注度上，共设 14 个题项，内容包括环境规章制度要求、企业环保目标、企业环保预算、企业对环境问题进行改良（如回收废气材料、空气过滤等）、采取先进技术降低废物排放等。

由于国内学者对前瞻型环境战略研究起步较晚，且国外已有关于前瞻型环境战略的成熟量表，因而在前瞻型环境战略构建的测量方式和内容上主要参考国外文献并结合中国情境进行系统性测量。如潘楚林和田虹（2016）在 Buysse 和 Verbeke（2003）的基础上进行修订，使之更符合中国情境，共设 10 个题项，内容包括企业发展产品与技术的绿色创新、绿色组织能力投资等；和苏超等（2016）在 Murillo-Luna 等（2008）的基础上，结合中国企业情境，共设 14 个题项，内容包括企业服从环保规制要求、企业制定环保目标等。可见，关于前瞻型环境战略的测量方式多是采取被调查者自我报告的形式，且已有成熟量表，由于 Murillo-Luna 等（2008）对前瞻型环境战略的测量题项较全面且应用较广，因而本书依据 Murillo-Luna 等（2008）的研究对前瞻型环境战略构建进行测量。

三　前瞻型环境战略的研究现状

（一）前瞻型环境战略驱动因素研究

随着可持续发展理念的渗透，企业制定实施前瞻型环境战略成为建设环保型企业的重要推动力。但是，当企业重视环境管理的同时，若企业一味地增加对环境的投入以寻求更高的经济效益和树立在公众前更好的社会责任形象，而忽略前瞻型环境战略制定的内部驱动机理，易导致企业未能获得与预期投入成本相符的绿色收益，甚至削弱企业投资环境创新活动的动力。因而，企业既要关注制定前瞻型环境战略的外部环境驱动因素，也要着眼于前瞻型环境战略制定的组织内部能力，换言之，即关注企业制定前瞻型环境战略时受到哪些因素的影响。根据 Sharma 等（2011）对前瞻型环境战略驱动因素的划分，本书将前瞻型环境战略的驱动因素分为环境规制、经济利益驱动、管理者环境认知和企业资源与能力。

1. 环境规制

诸多学者将环境规制认作企业制定并实施前瞻型环境战略的重要驱动因素。企业遵守环境规制主要是为了避免政府惩罚所导致的成本损失和带来社会公众的舆论压力，帮助企业树立绿色环保的形象。其中，Hoffman（1999）指出企业环境管制对企业环境战略具有诱发作用，且环境规制等级越高越易激发企业环境管理的动力。Carrión-Flores 和 Innes（2010）通过收集与整理 1989—2002 年美国 127 个制造行业样本，发现环境规制的强度正向影响环保专利数，这也从侧面验证了波特假说，即环境规制能够有效激发企业实施具有前瞻型的绿色行为。Ni 等（2015）更是直接验证了环境规制对前瞻型环境战略制定与实施的重要作用。由于我国企业实施环境战略的驱动因素主要源于政府的强制性，因而诸多国内学者对环境规制与前瞻型环境战略关系进行探讨。李卫宁和吴坤津（2013）发现，环境规制对企业约束力越强越会促使企业制定前瞻型环境战略，从而实现环境绩效。根据环境规制内容，可将环境规制分为命令与控制强制型环境规制与经济激励型环境规制。无论是经济激励型的环境奖励还是强制的环境要求，都促使企业主动采取前瞻型环境战略以获取更大管理弹性，规避管制处罚，占得绿色市场先机（张钢和张小军，2014）。

2. 经济利益驱动

由于企业本身是以盈利为目的的运用各种生产要素向市场提供产品或服务的社会经济组织，因而企业战略的制定离不开经济利润的考量。张钢和张小军（2014）发现，企业外部与潜在的经济收益，如企业预期经济收益、政府性环保补贴和政府奖励，有助于企业实施前瞻型环境战略。基于成本与收益考量，企业以长远可持续发展为出发点，在遵守环境法律法规基础上，制定前瞻型环境战略并实施自愿性的环保行为，以期最大限度地减少污染事件发生，更新清洁技术与设备，树立企业绿色形象与口碑并获得进入绿色市场的先驱优势，实现企业高经济绩效（Bansal and Roth，2000）。由此可见，在经济利润的驱动下，企业制定并实施前瞻型环境战略以增加企业声誉、满足消费者绿色偏好、增加绿色收入，从而获得行业竞争优势和高绩效水平。

3. 管理者环境认知

由于管理者环境认知反映了管理者在环境问题上的知识结构和认知模式，体现了管理者对环保的关注程度和诠释态度（和苏超等，2016）。诸多学者认为，企业管理者环境认知很大程度上影响着企业环境战略的制定方向，王兰云和张金成（2003）甚至将管理者不同的个人认知风格看作导致企业战略决策差异的根本原因。Hart（1995）将这种管理者认知划分为态度、信念和价值观等维度，认为管理者对环境问题的认知模式影响企业制定前瞻型环境战略。同时，管理者对环境战略的解读又对组织具体实践产生指导作用。因此，管理者环境认知对企业环境战略的解释及行为具有约束力，当管理者将环境问题看得越重要，环境问题进入企业战略的层次越高（Carballo-Penela and Castromán-Diz，2015）。

前瞻型环境战略的制定与执行与企业管理者的管理判断相关。就企业环境问题而言，当管理者将其视为一种机遇时，就会投入大量资源，促使企业环保实践的开展。David 等（2007）发现，当管理者将环境问题视为机遇的程度越高，企业自愿采取环境战略的可能性就越大。

4. 企业资源与能力

依据资源基础理论和能力理论，企业内部环境、所掌握的资源及自身能力与企业战略选择息息相关，换言之，包含企业的技术水平、管理能力、环保能力、内部经验在内的资源与能力都在一定程度上影响着企业环境战略的选择。从企业资源角度而言，Li（2014）将企业资源概括为管理资源、预算资源和计划资源三个方面，这些资源的可支配情况对企业环境战略的实施具有支持作用。Russo 和 Fouts（1997）提出，企业在购买环保设备或研发新式环保技术时受到企业资金等资源的限制，企业财务、员工配备、技术设备、材料设计等资源投入越多的企业，在环境战略制定上越会倾向于前瞻型环境战略，而往往由于财务、人员、技术等资源匮乏，企业缺乏足够资源进行革新，因而不得不采取被动式的应对行为，难以推进前瞻型环境战略。就企业能力而言，企业创新、学习、沟通等能力体系的构建影响着企业实施前瞻型环境战略效果。根据文献，缺乏创新的企业会趋于墨守成规，面临环境问题时会表现出绿色创新意识不足等劣势，难以创新环保战略与行为；学习能力欠缺的企业在分享式学习过程中难以提升企业对于绿色知识的认知与理解，使企业难以贯彻环境战略；沟通能力欠缺易导致组织内部沟通障碍，难以有效制定并传达前瞻型环境战略理念。因此，企业内部能力的培养与整合对企业制定前瞻型环境战略具有重要作用。

（二）前瞻型环境战略结果变量研究

1. 企业绩效

目前学术界在探讨前瞻型环境战略与企业绩效关系的研究时，围绕企业财务绩效与环境绩效展开探讨，主要呈现两种观点：一是从新古典主义经济学理论角度出发的学者认为前瞻型环境战略削弱了企业的绩效水平；二是围绕“波特假说”展开研究的学者认为环境战略有助于企业绩效的综合提升。

从新古典主义经济学理论角度出发的学者对环境战略的研究多是

从成本收益角度出发，质疑前瞻型环境战略对自然环境保护的投资会导致企业生产经营成本增加，减小企业商品利润空间，进而对企业经济绩效具有负向影响。由此衍生出的权衡理论进一步提出，实行积极的环境战略的企业获得的财务收益往往低于其成本，导致企业总体财务资源缩减，企业资本结构无法达到最优，从而降低企业整体竞争优势。根据该理论，企业制定并执行前瞻型环境战略时会由于增加环保投资，如购买设备、人员培训等，使企业在短期内难以实现产出高于投入，进而导致入不敷出的经营局面，降低企业整体绩效水平，阻碍企业在行业中的发展。

围绕“波特假说”展开研究的学者则持对立观点，认为企业从长远发展角度出发，应以绿色管理为出发点，通过优先制定前瞻型环境战略推进绿色管理理念的企业会获得产品溢价带来的补偿，且在满足消费者绿色需求时提升企业绿色形象，促进企业经济效益与环境效益的共赢，提升其绿色优势。其中，支持“波特假说”的修正学派认为，优先实行绿色战略的企业会获得由产品溢价带来的补偿并获得市场竞争优势，弥补了高成本的影响（蒋秀兰和沈志渔，2015）。根据生态现代化理论，企业通过前瞻型环境战略能够促进其经济绩效与环境绩效的双重提升，且有助于构建环境友好型社会。Li（2014）将企业绩效划分为经济绩效与环境绩效，通过对环境创新实践与企业绩效间关系的研究发现，以环境为导向的企业实践正向影响其企业绩效。从企业社会责任的角度出发，采用前瞻型环境战略的企业可获得特定能力去实施环境响应策略，积极采取措施以减少对自然环境的影响并有利于企业提高生产效率、销量和企业声誉，帮助企业有效整合资源并形成竞争优势（Ryszko，2016；Chen，2008）。此外，Menguc等（2010）发现，前瞻型企业更可能获得商业发展机会，促进销量和利润增长，通过减少浪费和预防污染进而给企业带来财务绩效的改善。Lin等（2013）对比了中西方企业在实施前瞻型环境战略对企业绩效的影响后发现，中国企业执行前瞻型环境战略后相较于环境绩效对经济绩效影响更为显著，而西方国家企业则执行前瞻型环境战略后相较于经济绩效对环境绩效影响更为显著。

2. 绿色竞争优势

Bansal 和 Roth（2000）发现，企业通过自愿开展绿色管理模式并制定前瞻型环境战略，有助于企业在获得经济绩效基础上获得绿色竞争优势。相对于传统意义上的竞争优势，绿色竞争优势是在其基础上融入环保理念并向消费者提供超过同行业竞争者的绿色服务价值，以促进生态环境发展的行为。Frondel 等（2010）也对前瞻型环境战略创建优势进行论证，认为通过企业主动将环境管理纳入战略层面，对企业环境责任与企业核心业务进行有机整合并将自身利益融入消费者、环境价值创造的过程中，进而形成其他竞争者难以超越的绿色优势。杨德锋和杨建华（2009）发现，实施前瞻型环境战略的企业在实施过程中关注环保问题，有助于提升企业创新、组织学习、整合利益相关者等组织，这些能力的提升有助于企业进行产品绿色管理和污染防治，积极投入跨部门合作，以创建可持续发展的绿色优势。

此外，企业制定前瞻型环境战略从长期来看可优化产品结构及生产流程，提高资源与能源的使用效率，降低环境污染事故发生，进而节约了环境规制成本和风险成本。Berry 和 Rondinelli（1998）通过调查西方发达国家大型企业，验证了企业实施环境战略与生产效率的关系，发现企业实施主动的环境战略可在降低生产成本、改进工艺流程、激发创新等的同时使企业与利益相关者关系更融洽，提高企业整体生产效率，降低总体成本。企业采取防污技术等级越高，绿色创新水平越强，越可使企业从环境战略中获得绿色领先地位，实现绿色优势提升。

3. 企业绿色形象

诸多学者发现，企业通过制定并实施前瞻型环境战略能够不断改进产品与工艺、降低污染物排放，进而有助于提升企业声誉、树立企业绿色环保形象（Hart，1995；Aragón-Correa and Sharma，2007）。田虹和陈柔霖（2018）认为，企业绿色形象反映了企业绿色价值定位取向，无论是主动承担社会责任还是在利润抑或经营风险压力下被动承担社会责任，一个良好的企业绿色形象都在其利益相关者的环境承诺中起到重要作用。Chan（2000）通过验证企业绿色形象对消费者购买意向的影响发现，具有较好环境广告效应的企业会增强消费者对企业产品及服务的信心，进而提升消费者购买意向，这为企业管理者树立良好绿色形象、实现可持续发展提供借鉴。Srivastava（2007）将环保因素融入供应链管理中，认为绿色供应链管理有助于企业绿色形象的提升。企业通过制定前瞻型环境战略实施主动的环保行为，在满足消费者绿色偏好基础上提升消费者对产品的信心，刺激绿色消费并增加绿色市场份额，使企业实现对绿色市场风向的敏锐把握，在复杂多变的市场中树立良好的绿色形象与口碑，有助于企业全方面绿色发展（潘楚林、田虹，2016）。李冬伟和张春婷（2017）认为，企业高层管理者在制定前瞻型环境战略的过程中，将环保的愿景传达给利益相关者，进而使环保行为转化为环境绩效，有助于绿色形象的提升。此外，企业通过实施前瞻型环境战略还可享受政府绿色扶持政策并增强与政府讨价还价的能力，有助于企业树立良好的绿色公众形象（Chen，2006）。

四 小结

现有对环境战略的研究范围较广，且分类方式多样，如依据企业对环境责任意识的重视程度分类、依据企业对环境法规的不同态度与行为分类和依据企业制定环境战略的侧重点与绿色化进程分类。在对环境战略不同的分类方式中，前瞻型环境战略最能够体现当下可持续发展的社会目标，积极维护企业生产经营与环境的动态平衡。前瞻型环境战略是一系列主动环境实践的总和，强调了企业超越环境法规主动履行环境责任的必要性和重要性（Sharma 等，2011；Anton 等，

2004）。诸多学者从不同研究视角对前瞻型环境战略进行分项研究，如Berry 和 Rondinelli（1998）从财务方面进行关于前瞻型环境战略的环境会计相关研究，Jennings 和 Zandbergen（1995）从利益相关者方面进行与前瞻型环境战略相关的企业行为与组织社区关联性研究，张庆生等（2010）在企业学习与成长方面进行与前瞻型环境战略相关的绿色人力资源管理、组织结构、组织文化研究等。

目前学术界从不同角度对前瞻型环境战略进行了较为丰富的研究，如从环境规制、利益相关者压力、经济效益驱动、管理者环境认知和组织资源与能力视角对前瞻型环境战略驱动因素进行探讨，从企业绩效、绿色竞争优势、企业绿色形象视角对前瞻型环境战略的结果变量进行挖掘。然而，现有关于前瞻型环境战略的研究仍具有局限性，如缺乏进一步探讨影响前瞻型环境战略制定的伦理因素。前瞻型环境战略并不是简单实践的集合，而是各类资源进行有机整合的过程产物，价值观、伦理等资源作为企业隐性资本资源，对前瞻型环境战略的制定环境和氛围具有影响作用。鉴于此，本书从企业伦理资源角度探索前瞻型环境战略在企业环境伦理对竞争优势的影响过程中的重要作用，为企业环境伦理建设提供有效的管理启示。

第四节　绿色创新

一　绿色创新的内涵

随着经济全球化深化、技术不断更新和消费者需求日益呈现多样化的特点，企业不断通过引进新产品、采用新工艺、开辟新市场、践行管理新方法等促进生产要素与生产条件进行重新整合，是创新的本质，也是企业赢得市场地位的重要途径。面对全球性的环境问题和可持续理念的推行与实践，相对于企业传统创新，在经济因素基础上，企业将社会与环境因素引入创新研究中，形成经济、社会、环境的协调创新发展研究核心。在对自然环境与创新活动之间的关系不断深入研究的过程中，学者基于不同角度与理解，提出诸多与环保相关的创新术语，其中“环境创新”“生态创新”“绿色创新”“可持续创新”在学术研究中较为常见。本书将四种相似术语、具有代表性的概念表述、理论角度进行梳理（见表2－2）。

表2－2　　环境创新、生态创新与绿色创新概念、理论角度梳理

术语	年份	作者	概念表述	理论角度
环境创新	1997	James	能为企业与消费者提供有价值且显著降低环境负荷的产品及工艺	环境经济学
	2009	Oltra 和 Saint Jean	在有利于环境与环保可持续性的新的过程、实践、系统与产品上创新	
	2012	Yang 等	生态产品、工艺、组织、市场和商业模式的环保式创新	
生态创新	2013	Boons 等	关注生态可持续性，在企业生产经营过程中全方面进行环境管理，降低环境负担	
	2002	杨庆义	创新设计、创新过程、创新目标和创新成果的绿色化	
绿色创新	2006	Chen 等	包含节能、废物回收利用、污染防治、产品绿色化设计等的企业环境管理创新	战略管理视角
	2022	Mehmood 等	有意或无意对企业产品、流程、营销、组织管理和制度进行改进或创新，使企业获得更好环境改善	

资料来源：笔者根据资料整理。

依据环境经济学视角的研究多是从微观层面关注环境问题对企业行为的影响，在可持续理念下，企业关注环保相关的企业创新问题，思考企业如何既满足市场又同时降低生产与运营对环境的负担。戴鸿轶和柳卸林（2009）指出，环境创新强调以绿色市场为导向，超出企业一般技术创新范畴，在协调企业经济效益的同时兼顾生态效益，有助于企业获得竞争优势和可持续化发展。

从生态经济学角度出发，相关研究更关注自然生态与经济系统的关系，如经济平衡与生态平衡的内在联系，人口、资源、能源与生态环境与企业发展经营之间的相互关系等。在此研究背景下，学者提出“生态创新”概念。国际生态创新组织（EIO）进一步强调在企业生命周期范围内，新的产品与流程、组织变革与营销解决方案的引入都可减少对自然资源的使用。同时，生态创新能够有效降低污染物处理的成本及企业应承担的法律责任风险，有助于企业树立良好的品牌形象并赢得更多利益相关者的支持。生态创新是实现企业可持续发展的重要手段，也是一种环境责任行为。

可持续发展观强调企业发展经营是既能满足当代人生存需要，又不对未来人类生存需要产生威胁的经济发展模式。这种观点要求企业协调、辩证地处理发展与环境问题，应在符合自然承载力的基础上对资源与能源进行开采利用，遵循盈利、人类与星球（Profit，People，Planet）的底线原则。从可持续发展观角度出发，学者提出“可持续创新”一词并认为企业进行可持续发展创新是企业遵循可持续发展理念的实际体现和核心反馈（Boons 等，2013）。可持续发展创新在传统创新基础上，强调创新与企业发展的可持续性，将创新内容扩展到既满足当下人类需求又满足未来人类生活质量的方方面面。

基于战略管理理论，Hart（1995）提出自然资源基础理论并认为企业应将环境问题融入企业战略计划中。相对于其他关于创新的概念，“绿色创新”提出较晚，但根据中国知网和 Google Scholar 的检索结果发现，尤其是近 15 年以来，研究中使用“绿色创新”概念的频次相对于其他术语更高，且在国外诸多对可持续创新、环境创新和生态创新的研究中，对应参考文献采用的术语也多是绿色创新。目前，关于企业层面的绿色创新研究多出现于组织管理研究中，且发现，环境创新、可持续发展创新、生态创新与绿色创新这几种与环保相关的企业创新概念表述虽然出发角度不同，但在概念的描述上仅具有微小差异，且都在创新对象上关注企业产品、技术与方法的创新，在市场导向上关注满足消费者绿色偏好以获得竞争优势，在环境目标上均为降低企业生产经营对环境的损害，在创新动力上均为实现经济效益、社会效益与环境效益的统一，在产品阶段上均扩散至产品整个生命周期中。可见，环境创新、可持续发展创新、生态创新与绿色创新都以保护自然环境为前提并通过多种环节绿色化实现企业经济、社会、环境绩效的统一。尽管这几个概念并无明显差异，但相对于“环境”具有的人文环境、自然环境双重的复杂属性、“生态”具有的自然环境与自然生物的宽泛含义，“可持续发展”具有的人类生活安全和质量含义，“绿色”一词更能体现创新类型与意义，且包含广义上的企业创新活动。因此，本书将“绿色创新”作为这类名词的统称，其中包含环境创新、可持续发展创新与生态创新的共同内涵。

国内外学者对“绿色创新”进行了广义上的界定。陈华斌（1999）认为，绿色创新是帮助人类实现经济、社会、环境效益统一的一切创造性活动与行为。Pablo 等（2010）从更广义的角度出发，将绿色创新界定为能够降低企业行为对环境污染的技术创新。这种绿色技术创新通过为企业产品、流程提供清洁技术支持，降低企业对原材料消耗的同时提高生产效率，有助于企业提升绩效和竞争优势。关于企业绿色创新内容，诸多学者从企业产品、流程、废物回收利用等具体角度进行阐述。其中，Chen 等（2006）对绿色创新定义的引用率较高，认为绿色创新具体体现在能源节约、防止污染、绿色产品设计及生产、废物回收利用等方面，能够促进企业可持续发展。此外，有研究指出，能够对营销、经营管理和组织制定方面进行有意或无意的改良，促进自然环境改善的创新也可被称为绿色创新。

通过不同学者对绿色创新概念和内容的梳理，本书将绿色创新内涵分为两个层面：一是着重强调绿色创新的环境正外部性特点，二是强调绿色创新环境改善过程。通过研发新技术、设计新产品、实施新管理等方式，使企业运营各个环节融入环保概念，使其行为更加绿色化，有助于降低企业行为对环境造成的负担，实现企业可持续发展目标，体现绿色创新的环境正外部性特点。此外，对于企业而言，绿色创新是一个持续改进的行为，不断沿着环境改善趋势和市场消费者变化的绿色需求更新企业流程、产品与组织管理环节，体现绿色创新对企业的改善过程。基于此，本书将绿色创新定义为：为实现企业可持续发展和经济、社会、环境效益的统一而在企业中将绿色元素融入产品设计、生产流程、技术、营销和废物回收等各环节的所有创新行为。

二 绿色创新的分类与测量

由于绿色创新涉及企业管理与实践多项环节和多角度内容，将绿色创新进行不同维度的划分有助于进一步梳理其内容与内涵并以此为依据帮助研究更好地展开量。

（一）依据创新强度进行分类与测量

渐进式绿色创新是企业采用循序渐进的方式对传统技术与产品进行局部小范围的改动，如污染防治、产品生产过程改良等方式通过最小成本获取竞争优势；突破式绿色创新则完全打破原有产品或技术创新思路，研发并采取全新的绿色创新模式，如企业研发改变企业核心生产进程的清洁技术等。相对于渐进式绿色创新，突破式绿色创新根植于企业核心业务或结构中寻求替换现有组件或全部系统的新思维，以实现经济效益与环境效益最优解。针对该分类方式，Chen 等（2013）对渐进式绿色创新和突破式绿色创新进行测量，其中，针对渐进式绿色创新角度有 3 个题项，包括企业新一代产品相比于之前产品；服务或工艺有部分环保性改进；相比于以往，企业略提高当前环境专业知识和清洁技术。同时，针对突破式绿色创新测量方式设置 3 个题项，包括企业发明新一代的环保性产品、服务或技术；企业发展脱离现有环保技术的新式绿色创新产品、服务或工艺；等等。张启尧等（2016）在分析绿色知识管理能力与企业绩效间关系时，将渐进式绿色创新与突破式绿色创新纳为双元绿色创新维度，共设 8 个题项进行测量，题项包括企业产品或技术缓慢进行环保性更新、企业研发新型环保性产品或技术等。

（二）依据创新主动性进行分类与测量

Chen 等（2016）、Rexhauser 和 Rammer（2014）依据创新的主动程度将绿色创新划分为主动式绿色创新和被动式绿色创新。其中，Chen 等（2016）识别两种绿色创新类型差别，认为主动式绿色创新是指企业积极主动为降低成本、抓住市场环保机遇、实现相较于竞争对手的差异化优势而进行的环境相关创新，而被动式绿色创新则是企业被动地仅为遵守环境法规而不得不进行的环保相关创新。Rexhauser 和 Rammer（2014）则在 Chen 等（2016）的基础上，将被动式绿色创新识别为规制诱导型创新，进一步探究面对环境问题时两种不同绿色创新类型驱动机制及其对企业收益的影响程度。在这种分类方式的测量方面，Chen 等（2016）在主动式绿色创新方式测量方面，将其分为 4 个题项，包括企业积极对环境创新资源进行投资、企业积极改进生产工艺、通过废物循环利用等方式减少原材料使用等。在被动式绿色创新方式测量方面，将其分为 4 个题项，包括企业被迫在生产及运营过程中创新环保方式以遵守环境要求、企业被动进行环境相关创新以应对竞争对手挑战等。

（三）依据动机—过程—结果创新框架进行分类与测量

李旭（2015）通过建立概念模型将绿色创新分为节约型绿色创新、环境友好型绿色创新和混合型绿色创新三种形式，从节约资源与能源、减少环境成本和提升企业竞争优势三个阶段划分绿色创新。但是，这种分类方式并没有相关实证进行测量。

（四）依据创新对象进行分类与测量

相对于创新强度、创新主动性和动机—过程—结果创新框架，学术界依据创新对象对绿色创新进行划分仍是目前应用最广的分类方式。针对绿色创新对象，多位学者将其分为产品绿色创新和流程绿色创新两类（Chang，2011）。其中，产品绿色创新是指在产品的设计、制造等环节加入环保概念，使其创新性与绿色性达到明显优于其他常规产品或竞争产品的过程（Chan，et al.，2016）。流程绿色创新则是指企业在材料取材、生产及交付等生产制造过程中减少能源消耗，包括革新生产流程、发展清洁技术、通过废物循环利用等方式减少企业对环境的污染，提升企业生产流程绿色化。包含产品绿色创新和流程绿色创新在内的绿色创新是通过对企业产品、生产运营流程层面的优化，最大限度地减小对环境的损害程度，实现企业环境目标。

针对此分类，诸多学者以产品绿色创新和流程绿色创新双维度测量绿色创新。如 Chen 等（2006）在探索中国台湾企业绿色创新对企业优势的影响机理时，将绿色创新划分为产品绿色创新和流程绿色创新，其中，在产品绿色创新中主要评估产品节能环保、防治污染、废物回收利用、无毒设计等属性，采用 4 项指标进行测量，题项包括企业选择污染最小的产品原材料进行开发设计、企业使用对环境产生最小耗能的原材料等，而在流程绿色创新中主要评估企业符合 ISO14031 标准的无毒、清洁、降低耗能的工艺和生产流程，采取 4 项指标进行测量，题项包括企业有效减少有害物质使用与排放、企业制造过程中减少原材料的使用等。与此相似，Chang（2011）在产品绿色创新测量方面设 3 个题项，包括企业使用对环境污染最小的原材料、企业使用可降解材料等；在流程绿色创新方面设 3 个题项，包括企业在生产过程中减少污染排放和能源使用等。

此外，也有学者认为除产品绿色创新和流程绿色创新外，还应将管理绿色创新纳入创新对象划分模块中。Chiou 等（2011）在产品绿色创新和流程绿色创新外，将组织管理创新列为绿色创新管理范畴并进行测量，题项具体包括重新定义操作及生产流程以确保企业实现内部效率和企业重新设计并改进产品以实现新的环境标准两个方面。王建明等（2010）在产品绿色创新及流程绿色创新外，将营销创新纳入绿色创新范畴并设 4 个测量题项，包括企业进行绿色沟通和促销策略、企业建立产品绿色品牌定位、识别消费者绿色需求等。

但是，考虑到相对于产品绿色创新和流程绿色创新的具体实践，管理绿色创新更是一种环保理念和环保认知，并且企业在组织管理模式、人力资源管理等方面进行绿色创新最终也作用在企业产品与流程的绿色创新实践中，体现在产品和生产流程的绿色环保性能上。另外，企业进行管理方面的环保创新是一个渐进过程，企业不能够即时将管理绿色创新方面内容作用于企业实践输出。综上所述，本书依照 Chang（2011）、Chen 等（2006）的划分及测量方法，将绿色创新分为产品绿色创新和流程绿色创新两个维度，相对于创新强度、创新主动性和动机—过程—结果创新模型的划分，能够更全面地体现创新内涵和不同的作用对象。

三　绿色创新的研究现状

（一）绿色创新的驱动因素研究

在已有的文献中，探讨企业创新行为影响因素的研究较多，但专门针对企业绿色创新驱动力的研究较为有限。根据文献，现有研究普遍将绿色创新驱动分为三个层面：政府与制度层面、市场层面和企业层面（见图 2－6）。

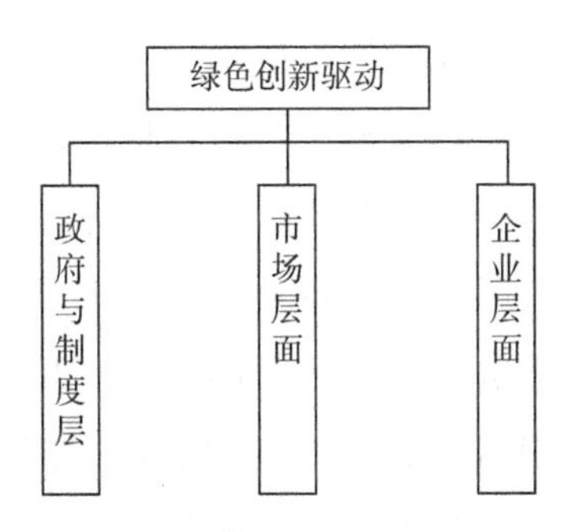

图 2－6　绿色创新驱动因素

资料来源：笔者依据资料整理。

从政府与制度层面出发，企业进行环境管理与创新主要受到政策导向压力、惩罚控制压力和环保法律法规压力的影响。依据威慑理论，企业往往会根据其所感应到的处罚、警告等风险而采取躲避行为。制度主义理论则从正面进行论证，认为制度同构塑造企业行为，使企业采取符合规定的组织结构和行为以获得企业在法律上的合法性。Pickman（1998）发现环境监管正向影响企业绿色创新进程，即环境管控越严格，惩罚力度越大，企业进行绿色创新程度越高。Berrone 等（2013）更是把绿色创新看作企业应对环保压力的重要方式之一。而在中国目前的经济转型过程中，政府环境政策导向和环境规制压力在帮助企业缓解绿色创新资金与技术压力、迫使企业为避免处罚而积极推进产品与流程方面，绿色创新具有重要作用。王娟茹和张渝（2018）发现，环境规制能够使企业在强制性规制要求下产生绿色创新意愿；周海华和王双龙（2016）发现，中国情境下进行行政主体直接命令与控制的环境规制能够督促企业加强污染治理、减少能源消耗，促进企业绿色创新行为积极开展。由此，政府和制度层面的驱动被视为企业进行绿色创新的重要推动力。

从市场层面出发，企业进行产品开发、技术更新与应用等绿色创新离不开市场环境与需求的驱动。由于绿色创新是企业关于环境保护价值创造的行为体现，而企业产生价值则通过市场实现，因此，绿色市场开拓是企业获得潜在经济回报的前提，也是企业采取绿色创新行为的主要出发点（Hoffman，1999）。随着环保理念的发展，市场竞争中也融入绿色因素，消费者、企业、供应商等各利益体开始关注绿色市场，企业为更好参与绿色市场竞争、获得更多潜在经济回报，必定会积极开发能够满足消费者绿色需求的绿色产品与服务，以适应市场绿色需求变动（陈力田等，2018）。市场导向能够在有效为消费者创造优良价值的同时，为企业提高绿色创新能力、实施绿色创新行为提供依据。相较于流程绿色创新，消费者需求和市场环境推动企业产品绿色创新效果更加明显。Lin 等（2013）印证了此观点，发现企业在市场需求导向下会积极开发企业环保型产品。

仅依靠政府、环境规制和市场的外部驱动力难以提高企业本身对环境管理和绿色创新的认识与理解，企业内部驱动力，如企业绿色文化、企业资源、绿色动态能力、管理制度、伦理制度等对于促进企业实施绿色创新实践均具有至关重要的推动作用。Chang（2011）发现，环境伦理作为企业社会责任的重要组成部分，能够从企业内部通过构建组织环境价值观和伦理观提升组织成员对环境问题的理解，使企业在提升对绿色创新的认知的基础上积极并自愿实施绿色创新行为。此外，由于绿色创新的过程需要消耗财务、技术、人员等资源和不同类型的能力以研发环保型产品和清洁技术，相对于资源与能力局限的企业而言，拥有丰富资源和能力的企业具有更广的管理选择范围和组织柔性，使企业更易进行环保创新。Frondel 等（2008）认为，企业技术能力是企业进行绿色创新决策的前提，企业通过研发与投资不断强化企业自身掌握的技术能力，使企业获得更广阔的研究视野和超越竞争对手的组织技术开发能力及吸收能力，加快企业绿色创新进程。可见，企业内部如价值观、伦理观、资源与能力等因素是企业绿色创新的关键推动力。

（二）绿色创新的结果变量研究

对于绿色创新的结果变量研究，诸多学者将关注点放在绿色创新行为与实践对企业绩效和整体优势的意义上。虽然将环境因素考虑到企业创新实践中是企业绿色创新的核心内容，但是李怡娜和叶飞（2011）发现，这种产品及流程绿色创新实践会比常规行为的前期投资更多，且投资回收期限较长，使进行绿色创新的企业难以迅速见到经济收益。但从长远看，战略管理诸多研究表明，企业通过实施绿色创新行为，可有效提高原材料的使用效率并降低成本消耗，进而获得市场中相较于其他竞争者而言没有的优势（Porter and Van Der Linde，1995）。相对于传统创新，绿色创新除了考虑用户、供应商，还应将焦点放在环保组织上。企业向具备环保技能的专家获取知识，寻求咨询与合作，不仅有助于提高产品与技术开发的绩效成果，也有利于提高产品质量与生产力、缩短研制周期、提升清洁工艺水平、增强企业竞争优势。

此外，企业具体实施绿色创新实践，如在产品、流程和工艺上进行绿色创新，通过降低企业各生产经营环节对环境的污染，有助于整合企业各利益相关者利益并改善包括政府、消费者、供应商、媒体、环保社区等在内的多方利益相关者与企业间关系，使企业拥有良好的企业绿色声誉，获得社会更大认可度，从而提升企业社会绩效水平。除经济绩效与社会绩效，绿色创新与环境绩效之间的关系也在学术界进行了广泛探讨，诸多学者认为绿色创新以其清洁生产的属性为企业带来新的知识和发展平台，并且这种环保导向的产品与能源节约、污染预防以及绿色产品设计息息相关，将环境的“正外部性”贯穿于整个产品生命周期中，比如在生产阶段减少有毒物质的使用，包装上使用可生物降解的材料等，促进企业实现环境绩效的提升。

四 小结

绿色创新问题是围绕企业产品、工艺、流程等展开的一系列与环保相关的创新活动，其概念的提出体现了当下企业管理者和研究者对可持续发展的理解和实践。绿色创新本质上是将环保因素融入企业经营的每个环节的一种创新系统，更像是一个提高环境管理实践过程的仪器，通过不断改良产品技术、研发清洁工艺、开发绿色环保市场、增强员工的环保认知水平，动态地督促企业进行环保革新并推进企业可持续化发展，不断增强其环境竞争力的形成。从绿色创新理论角度梳理相关文献可总结出：目前对绿色创新的研究多是源于两个领域，即经济学与战略管理学。而在经济学领域中，环境经济学、生态经济学、创新经济学与产业经济学从不同角度对绿色创新进行着重研究。其中，环境经济学对地区和企业环境与经济的关系进行深入研究，探讨环境规制与环境创新对企业实施绿色实践的影响；生态经济学从整个生态系统角度出发，探讨包括自然环境、生物在内的全部生态组成部分与企业经济发展关系；创新经济学则区别于普通创新的绿色创新“双重外部性”属性，即绿色创新在创新阶段和扩散阶段都能产生积极的溢出效应。其中，创新阶段使企业通过不断研发产生正向知识溢出效应，而在扩散阶段能够产生与其他竞争者相比更低廉的成本，使企业较其他企业盈利更多，产生正向溢出。产业经济学则侧重于通过市场角度对企业影响进行分析，着重从企业间协作、企业规模等方面评价企业绿色创新活动实施程度。而从战略管理角度出发，学者对绿色创新研究多是从资源与能力等企业内部角度探索其对企业绿色创新的影响。

Chen 等（2006）发现，绿色创新正向影响企业竞争优势，而在分析绿色创新驱动因素时发现，政府与环境规制、市场与企业内部资源与能力发展都是企业实现绿色创新的重要推动力。但是，由于政府政策导向和市场变化具有不确定性和长期性，企业绿色创新行为具有随机性和不可控性，而企业内部资源与能力是企业自身拥有的，不会随时间与环境的变化而转移，相比于政策导向和市场环境具有可控性，企业可通过管理手段有效提高绿色创新水平。鉴于此，企业应将目光转移到影响绿色创新的内部驱动因素上。本书从企业内部资源角度切入，探索绿色创新在企业环境伦理对竞争优势的影响过程中的中介作用并将不同维度的绿色创新进行对比分析，为企业提供更合理化的建议。

第五节　企业竞争优势

一　企业竞争优势内涵

企业竞争优势是企业生存与发展的关键，也是战略管理领域的经典研究课题，其概念最早由 Chamberlin 在《垄断竞争理论》中提出，由 Hofer 和 Schendel 学者于 20 世纪 70 年代末将竞争优势概念引入战略管理领域。著名管理学家 Michael E. Porter 通过对企业竞争优势进行系统化梳理，认为企业竞争优势是企业采取更低廉的价格的同时，为消费者提供更优质的产品或服务并将其分为成本领先优势、差异化集中优势和集中化优势三个层面，至此引起学术界对于企业竞争优势的不断探讨，诸多学者从不同角度对企业竞争优势的内涵进行概述与划分。本书将部分具有代表性的企业竞争优势概念梳理总结如表2-3所示。

表2-3　企业竞争优势的内涵

学者	年份	观点
Porter	1985	企业采取更低廉的价格的同时为消费者提供更为优质的产品或服务，分为成本领先优势、差异化集中优势和集中化优势
Barney	1991	企业竞争优势由企业稀缺、不可模仿与替代的资源组成
Hoffman	1999	企业通过实施独特的战略而获得其他竞争者无法轻易模仿的战略利益
Grant	1996	具有高利润的企业相对于其他竞争者具有竞争优势
孙育平	2003	企业相对于其他竞争者在细分市场表现出优势，且这种优势可为企业带来高收益率回报
刘巨钦	2007	企业通过创新和吸收各种资源而产生的态势，对手难以模仿
武亚军	2007	企业竞争优势产生于企业战略方面的改进
Mathur 等	2007	企业超过正常的财务绩效水平即是获得竞争优势
陈占夺等	2013	企业在经营效率、资源利用与持续性方面较其他竞争者领先
王建刚、吴洁	2016	企业竞争优势由企业内部资源与企业合作网络的外部知识共同构成

资料来源：笔者依据资料整理。

通过梳理以上文献，可将企业竞争优势的内涵分为两个层面：竞争优势来源与竞争优势结果。就企业竞争优势来源而言，诸多学者在定义企业竞争优势并探讨企业竞争优势内涵时，依据资源基础理论，认为竞争优势源于企业所拥有的有价值的、稀缺的、不可被竞争者轻易模仿与替代的资源。通过整合如人力、伦理知识、技能、管理、认知、价值观、商业关系等资源，有助于企业形成独特的商业文化与商业能力，为其在细分市场中创造更高价值，获得相较于其他竞争者更出色的竞争优势。根据企业动态能力理论，企业将有形与无形资源进行整合后，能够提高企业应对商业环境不确定性的能力，有助于企业获得竞争优势。从企业竞争优势结果上看，诸多学者将企业竞争优势与企业经济绩效水平相关联，认为企业通过识别机会、发挥优势、克服技术与管理上的困难与威胁能够制定符合时代发展具有先动性的企业战略，使企业创造超过行业内其他竞争对手的利润率，实现高财务绩效。而当企业获得实际甚至潜在经济效益，包括利润率、市场占有率等时，则被认为企业获得了竞争优势。

综合以上学者关于竞争优势来源与结果的研究，本书将企业竞争优势定义为：企业通过开发、整合资源与能力进而实现企业在财务指标与市场价值创造方面相较于其他竞争者更领先的水平与态势。而面对环境问题日益加剧的当下，以大肆破坏环境为代价取得经济效益已不再是企业获得竞争优势的有效途径，企业应积极推进企业绿色管理与可持续化发展，将环境因素考量其中，以实现企业真正的竞争优势效应。

二　企业竞争优势的测量

（一）基于财务指标测量

Porter（1985）将长期高于行业内平均经营绩效水平的企业视为获得竞争优势，且认为企业维持高财务绩效的根本基础也是获得竞争优势，可在一定程度上将竞争优势与财务绩效互换。不少学者采用财务指标中的总资产收益率来测量企业竞争优势，其中，Barney（1991）认为，企业绩效可以等同于企业会计绩效，即当企业获得超过行业平均绩效水平时，其会计绩效也在同行业中处于平均以上水平，此时企业获得竞争优势。依据这个思路，周建等（2009）在探讨中国上市企业制度环境对企业竞争优势的影响时，也是通过衡量企业会计绩效，即利用资产收益率、企业利润表相关比率和资产负债表相关比率来对企业绩效与行业内绩效平均水平进行比较，进而综合测量企业竞争优势。

虽然财务指标测量方式被学者广泛应用，但诸多学者认为将企业竞争优势等同于企业绩效的测量方式过于片面且缺乏科学性。由于企业竞争优势除包含利润率等财务绩效外，还应包含企业社会责任、企业创新水平、企业形象、客户满意度等非财务方面的内容，因而难以仅通过企业经济状况判断企业获得竞争优势与否，尤其是在主张绿色理念与可持续发展理念的当下，企业所获竞争优势不仅依靠于经济收益，还包含企业环境战略、绿色创新行为、企业绿色形象与声誉、企业环境认知与伦理方面的内容。

（二）基于非财务指标测量

目前在关于企业竞争优势的相关研究中，诸多学者采取非财务指标对竞争优势构建进行测量，主要有两点原因：一是由于简单依据财务指标方式难以对企业伦理价值观、知识资源、企业形象、创新水平等企业资源与能力这些企业软实力进行衡量；二是由于行业规范不健全和企业伦理缺失，学者无法获取相应客观且真实的数据，或者不同报表中的测量标准不统一造成抽取数据困难。而对于中国情境下的研究而言，由于中国信息市场体系仍待完善，学者由于信息不对称性难以获取相应的真实信息，进而国内学者在企业竞争优势测量方面仍多采取主观评价测量方式。

一些学者认为可以采用竞争力和企业市场地位的评估方式对竞争优势进行测量。这种测量虽然采用了非财务绩效方式，但也有学者认为竞争优势与竞争力在内容上不尽相同，在此基础上，张根明和陈才（2010）进行修正，将竞争优势分为企业获利能力、成长能力、市场竞争力和人才吸引力四个方面共计 6 个题项并进行评价。但是，这种测量也仍然存在不足，主要问题在于所有测量均建立在企业资源与能力的评价方面，缺少对企业结果，如绩效、市场表现等的评估，使研究不免片面化。综上所述，本书将整体考量财务因素与非财务因素两个方面，对企业市场份额、盈利等企业业绩产出以及对企业价值观、核心能力等企业内部理念进行综合评估，使研究更加全面化。

三　企业竞争优势的研究现状

（一）企业竞争优势外生论

基于古典经济学的完全竞争理论假设，所有企业提供的商品或服务具有同质性。在这种情境下，企业具有相同投入产出效率函数，资源平均分配且共享，不受市场条件及环境限制与干扰，因而企业间不存在竞争优势。然而，实际市场并非如此。企业间具有信息不对称性且企业不断受到产业环境与市场环境的双重影响，导致不同企业销售同类产品时盈利具有差异性，使不同企业市场行为及市场表现不尽相同，进而当企业制定具有前瞻性的战略且抢占市场先机时便可获取其他竞争者无法轻易实现的竞争优势。

梅森（Masson）和贝恩（Bain）依据现代组织理论将企业竞争优势分为市场结构（Structure）—市场行为（Conduct）—市场绩效（Performance）三个基本模块，形成管理学界较经典的梅森—贝恩范式（即 SCP 范式）。梅森—贝恩范式主要关注市场结构、行为及企业绩效三者间的关系，认为企业因绩效差异形成的竞争优势源于企业所处的市场结构和市场行为，是企业竞争优势外生论的研究来源。其后，Porter（1985）整合产业经济学与管理学研究，进一步延伸了梅森－贝恩范式的内容，提出战略定位理论和“五力模型”，将竞争优势归结为产业吸引力和企业在产业环境中的相对位势两部分，凸显了商业外部环境的竞争关系以及市场机遇对企业获得竞争优势的重要作用。依据 Porter 的观点，企业竞争优势源于企业所在行业的吸引力，且受企业在其所在产业市场地位的影响，因而企业制定战略时需在分析产业吸引力和市场环境机遇后制定与选择战略类型，使企业避免无吸引力的行业和缺乏机遇的市场。

为了更好地分析企业在市场中的竞争地位，明晰企业竞争优势来源，Porter 引入了价值链模型分析，将产生竞争优势的企业活动分为包括生产、外部后勤等的基本企业活动和包括采购、技术开发等的辅助活动，认为企业竞争优势的实现主要通过差异化和低成本两种形式。战略选择理论认为，企业通过差异化产品或服务驱动绩效以及形成与竞争对手有差异的产品与服务，从而满足消费者偏好，获得竞争优势。而企业采取低成本的战略方式为消费者提供产品与服务，会比企业竞争对手更易赢得竞争优势。

（二）企业竞争优势内生论

古典经济学中的完全市场竞争理论、梅森和贝恩提出的 SCP 范式、Porter 提出的战略定位理论和“五力模型”都着重强调企业所处市场、产业与竞争者等外部商业环境对企业竞争优势形成的决定性作用。但是，在实际商业活动中，经济全球化进程加快、产业链不断升级、消费者日益呈现的绿色化需求等趋势使企业即便处于相同产业结构和市场机遇下，也很难获得相同竞争优势，无法简单通过企业战略定位等理论实现竞争优势。在此情境下，以 Barney 为代表的诸多学者通过解构企业生产函数的“黑箱”，深入企业内部，认为企业竞争优势源于企业内部的异质性资源与能力，如资源承诺、知识资源、企业伦理价值观资源、组织管理技能、创新能力、企业动态能力等（Barney，et al.，2001；Tzabbar，et al.，2013）。

1. 企业内部资源

资源基础观认为，企业是一个资源池，由一系列资源束组成，因为资源具有价值性、稀缺性等属性，且企业的市场地位和经营战略的广度与深度由企业所累积的资源决定，所以，资源成为企业间发展差异的根本原因。Barney（1991）基于资源基础观，将企业掌握的资产、能力、组织管理技能、企业属性、信息、知识等认定为企业所拥有的异质性资源，有助于企业制定并实施企业战略以促进企业改善经营效率，赢得竞争优势。企业异质性资源可具体分为三个类别：一是物质资本资源，包括企业设备、工厂、技术、原材料采购等资源；二是企业人力资本资源，包括员工培训、沟通、判断能力等资源；三是组织资源，包括企业内计划、企业伦理价值观、组织合作体系、组织知识学习等资源。但并不是所有企业拥有的资源都对企业战略及竞争优势有影响，而是能够有效改善企业战略制定方向与内容、提高企业生产管理效率的相关资源才是企业获得竞争优势的关键。诸多学者也验证了企业内部不同资源对企业竞争优势形成的正向影响，如 Christmann（2000）验证了具有前瞻性的污染防御创新技术是企业获得成本优势的关键，Pearson 等（2015）在分析 49 个亚洲航空商务模型中识别了品牌资源、文化资源、服务口碑等隐性资源对企业竞争优势的正向影响等；陈柔霖和田虹（2019）基于制造业数据验证了企业内部认同有助于企业竞争优势的实现。

2. 企业内部能力

除企业异质性资源外，企业能力即企业中累积性的学识，尤其是关于如何协调不同生产技能与有机整合多种技能的学识与能力，也是关于向企业提供有形价值与无形价值的能力（陈柔霖和姜飒，2022）。马刚（2006）将组织能力含义分为三个层面：一是关于生产技术和技术知识类型的能力，在汇聚资源的基础上将企业的职能与效用输出到企业实践行为中；二是强调企业能力对组织结构的关联性，认为企业能力不仅是利用资源，更是在此基础上作用于组织资本和社会资本，形成组织整合能力；三是强调企业能力的延续性，即企业组织能力并不会随着企业发展而流失，反而会在不断实践中提升其效力。因此，积累不同形式与内容的学识与技能并将所掌握的技能与知识相协调，有助于企业实现多元化发展，进而为获取企业竞争优势创造条件。

虽然企业所拥有的资源与能力能弥补竞争优势外生论的不足，但其本身也存在局限，具体表现为：首先，过于强调企业内部因素，而忽略商业环境的动态性；其次，企业虽强调资源与能力在获取竞争优势时的重要作用，但以往研究过于依赖静态均衡分析，而对企业资源与能力的形成机制的研究较为欠缺。Barney 等（2001）强调，应将资源基础理论与动态能力理论相结合，将企业内部能力与资源进行有机整合，能够对外部商业环境做出反应。Allred 等（2011）提出，企业动态能力是将企业具体资源与能力运用到实际动态背景中并探究企业竞争优势的形成，更具实际意义。企业对市场变化反应越快，越能快速制定符合当下发展与消费者需求的战略，从而建立竞争优势。动态能力如组织学习能力、创新能力、知识吸收与运用能力等都对企业竞争优势的形成产生积极影响。

尤其是动态能力中强调的企业创新在企业获取竞争优势方面具有重要作用。在当下知识经济与技术经济时代下，企业获得竞争优势已不单单是整合企业已有的静态资源与能力，面对多变的商业环境，企业不断提升其创新能力越发重要。Romer（1986）提出企业内生增长模型，肯定了知识的累积、更新对企业盈利并获得竞争优势的重要性。而知识本身在企业中的目的即扩大组织知识效应并不断更新，使竞争者无法模仿与替代，而创新恰是衡量知识效应的公认校标，可见作为企业重要内部能力之一的创新对于企业经济发展、竞争优势获得的重要意义。

（三）环境管理与企业竞争优势

随着工业的发展，木材、煤炭等资源的开采加速了全球资源枯竭和生态恶化，废水、废气、废料的排放极大地威胁了居民的健康安全，也限制了企业获得长期的竞争优势，这些环境问题使社会在不断完善环境法规的同时，也让企业管理者思考如何在战略制定中，即在环境问题源头最大限度地消除污染，降低浪费，使企业真正获得竞争优势。战略领域学者及企业管理者经过诸多研究与实践发现，企业进行环境管理对于当下企业竞争优势的实现是必要且重要的。Hart（1995）在资源基础观的基础上提出自然资源基础观（NRBV），进一步探究自然与企业之间的关系，认为企业通过污染预防、产品管理和可持续发展三种方式为企业带来了竞争优势（见表 2-4）。

表 2－4　　　　自然资源基础观下的环境管理与竞争优势

环境管理方式	环境驱动力	关键资源	竞争优势
污染预防	排除废料最小化	持续改进	低成本
产品监管	产品生命周期成本最小化	利益相关者整合	市场地位领先
可持续发展	企业发展环境负担最小化	文化与共同愿景	未来位势

资料来源：笔者依据 Hart（1995）整理。

对于污染预防的环境管理方式而言，其目的是最大限度地消除排放物与污染物，其中，Hart（1995）认为，企业应通过更妥善的保管方式减少生产所用材料，改变或防治排放物，提升企业绿色创新能力，实现企业全方位污染预防。与污染控制相比，污染预防可节省企业安装及运行污染控制系统的成本，同时可提升企业生产效率，使其更加可持续化和低成本化，从而实现竞争优势。然而，尽管这种环境管理方式能够降低成本，但仍存在不足，其中最明显的缺陷是污染预防强调新的生产与运营能力，但忽略了企业内部价值链的诸多环节，如原材料获取、生产过程、工艺等。

对于企业产品监管的环境管理方式而言，其弥补了污染预防的不足。进行产品监管环境管理方式的企业从原材料选择与获取上筛除了有毒材料、稀缺不可再生材料等，在生产过程中监督产品安全性与环保性，在产品废弃时具有可回收性，整合各利益相关者需求并将环境管理理念贯穿于企业产品生命周期中。Chen 和 Cao（2023）和 Chen（2008）都认为可以将这种“绿色产品”定位为企业市场地位领先的标志，可帮助企业获得相对于其他对手而言没有的竞争优势。

在企业产品进行环境监管的基础上，Hart（1995）提出可持续发展环境管理模式，这是在简单关注产品生命周期外将企业其他经营与实践进一步与自然环境相结合，认为企业在其自身未来发展过程中，针对企业包括研发、人力、文化、价值观等在内的各环节中贯彻企业环保理念，建立组织对环境问题的共同愿景，降低企业发展对环境带来的负荷，从而实现企业在现在及未来市场中更持久的竞争优势。由此可见，环境管理在企业运营与发展中具有必要性，是当下企业实现竞争优势的重要途径，但不同企业进行环境管理的侧重点不同，所带来的竞争优势略有差异。

四 小结

学术界对于企业竞争优势的研究起源较早，研究领域跨管理学领域与经济学领域，研究内容也较为丰富。通过本书对企业竞争优势定义的梳理发现，学者对竞争优势的关注主要源自两个方面：竞争优势来源与结果，即资源与绩效。但是，在测量过程中，一些学者仅关注竞争优势的绩效结果，进而广泛地从资产报表、利润表等财务数据中截取盈利比率，进而与其他竞争者进行比较并衡量其中的差异优势。但是这样的测量具有片面化，忽略了带来竞争优势的企业的内部资源与能力评估。另一些学者采取非财务测量方式，通过参评者自我报告、调查问卷、访谈等形式获取企业在内部知识、技能、创新、伦理价值观、企业社会责任等方面的表现。但是同样地，当前研究仅关注衡量客户满意度、企业形象、企业文化等，忽略了企业市场所占份额与市场表现。因此，研究测量应综合考虑市场份额表现和企业内部资源与能力发展两个方面的内容。

关于企业竞争优势的研究，学者从古典经济学、产业经济学等视角进行外因探讨。从梅森和贝恩提出的 SCP 范式到波特提出的战略选择理论和“五力模型”，都关注到了企业外部市场环境、企业成本等外因对企业经营的影响，但研究并没有深入企业内部探索企业竞争优势出现的内部源头，而仅将研究停留在最终产品层面。以 Barney 为代表的学者则打破竞争优势外因的研究“困境”，将重心放在企业内部资源与能力上，构成支持竞争优势的内生论。但是无论是竞争优势的内生论还是外生论，都将企业建立在静态市场模型中，忽略了商业环境变化和在动态环境下竞争优势的形成条件，基于此，动态能力理论下的企业竞争优势更具真实性和研究性。本书参考马刚（2006）的研究对企业竞争优势外生论、竞争优势内生论和竞争优势动态观进行整理并将三种理论进行梳理比较（见表2－5）。

表2－5　三种竞争优势理论比较分析

比较事项	竞争优势外生论	竞争优势内生论	竞争优势动态观
实现方式	通过产业和市场选择	通过整合和配置内部资源与能力	通过创新不断更新并整合内外资源与能力
主要来源	企业外部	企业内部	内外整合
适用环境	市场竞争性强	复杂性、动态性强	复杂、不确定性强
侧重点	产业结构、市场地位	资源异质性、能力延续	不断创新的动态能力

资料来源：笔者依据马刚（2006）整理。

随着环境问题的加剧和世界范围的环保行为的影响，企业不断思考如何在环境污染、自然资源日渐匮乏的情景下获得并保持竞争优势。Hart（1995）提出自然资源基础理论，即倡导企业将自然环境因素考量在企业综合管理和战略的制定框架中，并认为在当下，企业竞争优势的获得离不开企业对环境管理的关注。整合企业绿色资源、提升环境伦理观、发展企业绿色能力、增强环保意识等行为将环保因素与企业资源与能力整合，有助于处于可持续发展时代趋势下的企业竞争优势的获得。

第六节　本章小结

本章回顾了企业环境伦理、企业竞争优势、前瞻型环境战略、绿色创新、利益相关者压力和冗余资源的相关文献，利用图表等形式全面梳理了所有概念的界定、内涵、不同分类方式和测量方式并结合自然资源基础理论、创新理论和利益相关者理论对所有变量的研究进展进行了总结与探讨。

随着“人类命运共同体”和“可持续发展”号召的推广，企业不断将绿色、环保因素纳入企业战略与实践中。在理论层面，虽然学者和管理者在宏观上对环境管理与企业竞争优势之间的关系具有一致性认知，但从企业微观角度出发的研究较少，实证环节较薄弱，尤其是从企业价值观、伦理道德等企业内部隐性资源角度深入挖掘其对企业环境实践和竞争优势影响的研究较缺乏，且未明晰其中的影响机制。通过整理现有关于企业环境伦理对企业竞争优势的相关文献，本章认为现有文献存在以下不足。

首先，虽然学术界对企业竞争优势的研究起源较早且成果较丰富，从外生论的市场角度和内生论的创新、动态能力等角度分析了企业竞争优势形成的驱动因素并随着环境管理理念的兴起对企业绿色管理与企业竞争优势关系进行探讨，但忽略了驱动环境管理理念更深层的关于环保价值观与企业绿色文化的探索。虽然目前学术界也有关于环境伦理的概念模型研究，但缺乏对企业环境管理和竞争优势的影响研究，没有回答企业怎样从根本上贯彻环保理念并将环保道德转化为企业竞争优势的问题。而这种环境伦理价值观可以从根本认知上改变企业生产与运营思维和方式，促使企业主动制定环境战略并实施环保实践，这对企业而言是必要的。

其次，随着绿色理念的深入，企业普遍认可了前瞻型环境战略的必要性，且在研究中也有诸多学者认为，前瞻型环境战略能够促进企业竞争优势的实现。但通过对现有研究的梳理发现，目前研究多从利益相关者和外部市场角度切入，缺少解释企业实施前瞻型环境战略的内部伦理驱动，没有解释企业怎样更好地制定并实施前瞻型环境战略以实现企业竞争优势的路径，忽略了前瞻型环境战略在企业进行全面环境管理中的作用，易使企业仅在形式上注重环境保护，从而造成实施环境行为的低效率。

再次，不同学者基于环境经济学、生态经济学、可持续发展观等视角对绿色创新进行研究，但是在梳理过程中发现，目前研究中对绿色创新概念界定不清，且由于分类的多样化使绿色创新维度并没有统一的划分标准。同时，以往研究多是从政府、环境规制、市场等外驱动力和企业资源与能力等内驱动力进行绿色创新的深入研究，忽略了企业本身战略的制定对企业绿色创新行为的影响，未厘清二者在企业环境伦理体系对竞争优势影响过程中的重要作用，没有为企业指出更为有效实现竞争优势的途径。

最后，本书通过总结以往文献发现，不同学者对于环境管理，尤其是环境伦理体系构建对企业优势产出的研究结论并不一致，如不同企业构建相同企业环境伦理体系但影响效果不同、不同企业制定相同前瞻型环境战略但落实到实践上所收获的成效不同等，这也是由于现有研究忽略了二者间的边界条件。因此，相关研究通过利益相关者压力与冗余资源因素相结合的视角来探究企业环境伦理对企业竞争优势的作用机理与边界条件。

基于以上局限性，本书立足于自然资源基础理论、创新理论和利益相关者理论，全面探索企业环境伦理对企业竞争优势的影响作用，探讨前瞻型环境战略与绿色创新在其中的关键性作用，建立链式中介寻求企业获得竞争优势的内部伦理路径并通过对链式中介的多条路径进行对比，为企业全面实施环境管理提供新思路和建议。

第三章　企业环境责任的影响因素

第一节　外在影响因素

——利益相关者压力、商业环境动态性

一　利益相关者压力

（一）利益相关者压力定义

作为利益相关者理论的主体，利益相关者概念最早是由斯坦福研究院于1963年提出的，作为与单个股东相对应的概念，利益相关者反映与企业生存和发展息息相关的所有人。但是对于利益相关者具体涵盖的范畴和对象，学术界目前没有统一的划分，依据Mitchell等（1997）的统计，从概念提出到20世纪末，学者对利益相关者的定义多达近三十种。在这些定义中，Freeman（1984）的界定最具代表性。在Freeman看来，企业利益相关者是能够影响组织目标实现的个人与团体，这个理解构成了利益相关者较经典的概念表述。但是，Freeman的界定过于宽泛，个体与团体本就构成了经济社会中的各种集合，因而在影响企业目标实现的目标人群上，这种解释并不具有针对性。一些学者从企业理论角度出发，将利益相关者与企业具体经营与贡献联系在一起，认为利益相关者是向企业投入专有性资产或进行风险投资的个体或群体，这种经济或物质上的投入使这些个体或群体与企业发展联系在一起。相较于 Freeman 的界定，这个概念所涵盖的利益相关者人群更加具体。

虽然不同学者对利益相关者的定义不尽相同，但他们普遍认为企业发展离不开利益相关者的参与。利益相关者理论即基于利益相关者的定义，强调企业应重视企业利益相关者与企业的关系，在企业剩余权的分配上不仅重视股东权益，也重视管理者、消费者、供应商、社区等主体权益。随着时代的不断发展，利益相关者理论在管理学界，尤其是在处理企业社会责任问题和环境问题时，得到更普遍的应用。不同利益相关者或是向企业投入人力、资金资本，或是分担企业经营风险，帮助企业进步，监督企业行为，因而企业在制定战略、开展企业实践过程中应结合利益相关者理论，满足不同利益相关者的需求。

基于利益相关者理论，Murillo-Luna 等（2008）、卫武等（2013）将利益相关者压力理解为一种环境刺激，当面对企业存在的某些问题或经营风险时，利益相关者通过不同渠道表达自己的诉求和期望，对企业形成一种改善行为的压力和刺激，使企业遵守社会规范和企业责任、改进治理结构。Parmigiani 等（2011）从供应链企业社会责任视角出发，将利益相关者压力界定为组织依照产品设计、采购、生产、分销等环节对利益相关者决策负责的程度。本书综合以上对利益相关者压力的定义，进一步将利益相关者压力界定为：股东、消费者、员工、供应商、媒体、社区组织等全部利益相关者通过不同渠道向企业提出诉求和期望，对企业生产经营中存在的问题或风险等产生的压力。

（二）利益相关者压力的分类与测量

目前关于利益相关者压力的研究较成熟，且研究成果较丰富，学者从不同角度将利益相关者进行分类。在测量方面，虽然在具体题项设计上不同学者不尽相同，但研究普遍采取调查问卷方式进行测量。本书将关于利益相关者的分类与测量总结如下。

目前学术界应用较广的利益相关者压力分类方式是按照其对象进行划分，但不同学者针对不同对象群组的划分使其分类内容略有不同。

如 Frederick（1999）将利益相关者压力分为直接利益相关者和间接利益相关者两种，其中，将直接利益相关者识别为消费者、股东、竞争者、供应商和企业员工；同时，认为间接利益相关者是由政府、社区、媒体和公众组成的群体。Murillo-Luna 等（2008）将利益相关者压力在直接利益相关者压力和间接利益相关者压力的基础上进一步细化，将利益相关者压力分为内部利益相关者压力、外部利益相关者压力、企业管理利益相关者压力、利益相关者监管压力和外部社会利益相关者压力五个方面共 14 个题项，具体包括企业感知到来自组织内部员工压力等。

基于企业压力反馈视角，面对利益相关者对企业的诉求，卫武等（2013）结合组织认知理论，依照组织对压力的反馈将利益相关者压力主要分成两个层面：紧迫性和可管理性。其中，紧迫性是强调企业对利益相关者压力的及时关注程度。在组织中具有高度紧迫性的利益相关者需求更易引起企业管理者重视，且依据事项管理理论，企业管理者多是将紧迫性与企业当前面对的难题结合起来，对利益相关者的问题予以及时解决。管理性是指企业能够对利益相关者压力进行认知并予以应对的程度，包含企业有效识别利益相关者压力的能力和企业有效处理利益相关者压力的方式与方法。卫武等（2013）认为，利益相关者压力具有可管理性，即企业管理者可在威胁发生前通过外部环境扫描、内部治理等方式识别自身漏洞或外界干扰，避免企业受利益相关者压力的影响。而当企业面对利益相关者诉求时或不予及时处理，或处理方式不当，都易造成利益相关者对企业诸多环节的巨大压力，使企业蒙受更大经济及声誉上的损失。基于这个视角，卫武等（2013）参照 Agle 等（1999）的研究结果并进行整合，将利益相关者压力分为紧迫性与可管理性两方面内容进行测量，其中紧迫性主要测量企业接受利益相关者压力的时间认知和利益相关者所掌握的资源重要性内容，具体分为 8 个题项，如企业对利益相关者关注的问题负有责任、利益相关者对企业经营产生重要影响等，而可管理性主要是对企业对利益相关者压力的反馈难度进行衡量，具体分为7个题项，如企业可获得来自利益相关者方面的信息、企业能够利用全部资源或手段有效响应利益相关者问题等。这种分类及测量方式不仅测试了利益相关者压力对企业的影响，更测试了企业对利益相关者压力的反馈和可识别程度。

此外，诸多研究将利益相关者压力看作一个整体，并未对其具体人群进行分类，如Henriques和Sadorsky（1999）的研究仅对包括供应商、消费者、员工等利益相关者在内的利益相关者压力进行了整体测量；姜雨峰和田虹（2015）在分析利益相关者压力对企业社会责任的影响过程中从客户、竞争者、员工、股东、社区、政府和媒体角度对利益相关者的压力进行整体测量，共设7个条目；Pinzone等（2015）也是从利益相关者群体出发，采用11个题项测量利益相关者压力对企业实施前瞻型环境战略的影响。

（三）利益相关者压力的研究现状

利益相关者压力作为企业社会责任实践的重要动因变量，已引起学术界的广泛关注，尤其是探究利益相关者压力对企业环境行为的影响已成为研究热点。本书通过国内外研究成果进一步总结影响利益相关者压力的因素、利益相关者压力对企业实践的影响及利益相关者压力与企业环境责任行为。

1. 影响利益相关者压力的因素

影响利益相关者压力的因素多总结为企业和个人特征因素，如企业规模、国际化水平、管理者认知等。依据以往研究结果，企业规模越大、国际化水平越高的企业，相较于规模小且国际化水平低的企业受到社会公众、监管机构等关注度越高，所感知到的企业利益相关者压力越大。首先，卫武等（2018）从社会嵌入视角，将组织环境视为由多个利益相关者群体组成的网络，认为规模越大、社会地位越高、越处于利益相关者网络中心的企业，利益相关者所能搜寻到的关于企业信息的限制越少且吸引力越大，从而企业感知到的压力越大。其次，依据 González-Benito 等（2010）的研究，管理者知识结构和认知模式影响外界利益相关者对企业施加压力的强弱。当具有前瞻性的管理者对企业战略及行为进行规划和治理时，会有效降低如政府、社区、媒体等外部利益相关者对企业的质疑，同时提高企业股东、内部员工等对企业决策和行为的理解，降低内部利益相关者对企业的压力。此外，其他因素如法制不断健全、社区观念发展、媒体披露增加等方面的强化都增强了利益相关者对企业的压力。

2. 利益相关者压力对企业实践的影响

诸多研究认为，企业利益相关者压力是企业实践企业社会责任行为的重要外部驱动，企业将内部与外部利益相关者压力转化为企业价值观和行为，有助于企业绩效的提升（Boiral，et al.，2016）。从政府和监督机构来看，通过设计指导方针和出台企业履行社会责任相关政策文件，可以增强对企业的监管和引导力度，督促企业实施符合企业社会责任的行为；从供应商和消费者角度来看，遵守道德标准和行为准则的企业更易成为供应商选择和消费者购买的对象；从企业内部员工角度来看，当企业面对利益相关者压力增加时，员工被压力影响使其对企业的忠诚度下降，造成企业生产经营成本增加、盈利降低。因此，为了防止利益相关者压力对企业带来的消极影响，企业需积极履行企业社会责任。

3. 利益相关者压力与企业环境责任行为

由于利益相关者在企业发展与运营中发挥着越来越重要的作用，企业不再将发展思路局限在“股东至上”的范式里，而是积极地对企业所有利益相关者履行应负的责任。目前，我国环境保护法律法规不断完善、绿色消费理念不断推广、消费者绿色需求不断加大、媒体对企业环境信息披露的舆论监督力度不断增强、社区等环保组织对企业环境绩效情况不断关注等都表明政府、消费者、媒体、投资者等利益相关者对企业环保行为的关注度不断提高。企业管理者根据利益相关者对企业环境问题的密切关注而不断调整企业战略与行为，将环境问题纳入企业决策中，不断整合企业环境道德伦理与企业运营的良性关系，寻求企业利润与公共利益的平衡点。

中西方学者从利益相关者视角出发，探讨了不同类型的利益相关者对企业环境责任行为的影响。Jennings 和 Zandbergen（1995）最早运用制度理论，提出企业实施环境责任行为的重要驱动力来自政府环境规制力，这种环境规制力主要体现在政府强制企业遵守环境保护法规要求和动员企业积极参与与自然环境有关的企业管理项目。随后，Henriques 和 Sadorsky（1999）进一步提出，企业参加自愿的环境实践不仅出于对盈利方面的考量，更受到来自社会构建的环境合法性需要的驱动，认为来自政府环境规制下的无论是政府引导还是违规罚款，都是激励企业改进企业环境行为的有效机制，企业在面对政府环境规制时只能采取环保行为改进技术和产品生产方式，降低污染排放。Rivera（2004）根据哥斯达黎加的酒店业数据，以实证方式探究了政府直接施加的制度压力对企业进行环保实践的影响，研究结果显示二者具有正向关系。Frondel 等（2008）进一步总结并认为，政府对企业直接施加的制度压力是企业资源参与环境责任行为的最根本原因。

除政府对企业环境责任行为进行规制和监管外，其他利益相关者对企业环境问题也施加了压力。媒体方面，李培功和沈艺峰（2010）以 50 家企业为研究样本，通过数据统计发现，当媒体负面报道数目增加时，企业改正其违规行为的可能性变大，展现媒体对纠正企业治理行为的作用。当企业深陷污染危机中时，媒体通过环境披露对企业环境责任行为进行纠正，督促企业进行环境治理行为。但是，相关研究也发现，媒体并不能够对企业环境问题进行直接作用，而是通过声誉机制的影响使企业管理高层受到公众监督，而为维护企业声誉，企业不得不对媒体提出的环境负面信息予以正面反馈。社区方面，Raines（2002）认为，社区组织可推进 ISO14001 标准在企业中的应用，促进企业实施环境管理行为；Kassinis 和 Vafeas（2006）通过研究发现，社区组织所在社区收入越高、污染密度越低且环境偏好性越高，越能发挥社区作用并影响企业环境决策，从而对企业环境责任行为产生不同程度的压力作用。消费者方面，Henriques 和 Sadorsky（1999）认为，消费者是影响企业环境行为的重要组织利益相关者，随着消费者绿色需求的增加，消费者相较于过去更倾向于为产品绿色性支付溢价，这种产品购买行为促进企业制定环境决策、实施环境责任行为。员工方面，员工对环境管理的积极参与和承诺也促进了企业开展环境实践，有助于企业承担环境责任。由此可见，无论是企业内部利益相关者还是外部利益相关者，均是通过督促或引导的方式促进企业环境责任行为的产生。Sharma 等（2011）更是认为，企业在企业环境战略层面加入利益相关者对环境的压力因素，有助于企业采取更具前瞻性的行为方式，促进企业绿色实践开展和竞争力提升。

（四）小结

利益相关者压力是利益相关者对企业表达的一种要求与期望，通过文献梳理发现，多数学者普遍认为企业股东、员工、供应商、竞争者、媒体、政府、社区等利益相关者影响企业的决策与发展，而在与企业环境责任行为关系的研究中，诸多学者也发现，利益相关者通过强制合法性要求和政策诱导与激励两种方式促进企业将环保因素纳入企业战略和企业社会责任行为的制定与实施过程中，促进企业开展绿色创新实践活动。Delmas 和 Toffel（2010）提出，不同利益相关者与企业规模、国际化和企业环保性等企业特征产生交互影响，使企业在二者的互相影响下不断维护企业与各利益相关者的关系、增加企业利益相关者对企业运营的理解、改进企业环境管理实践行为，具体如图 3-1 所示。

基于目前关于利益相关者压力的分类研究，由于目前学者采取较为多样化的视角和分类方式，如依据企业压力反馈视角和针对利益相关者类别进行分项研究，使在探索利益相关者压力对企业影响时受到不同组织设计、不同类型与强度的压力影响，难以衡量企业受到利益相关者的整体压力。根据 Murillo-Luna（2008）、Delmas 和 Toffel（2010）等的

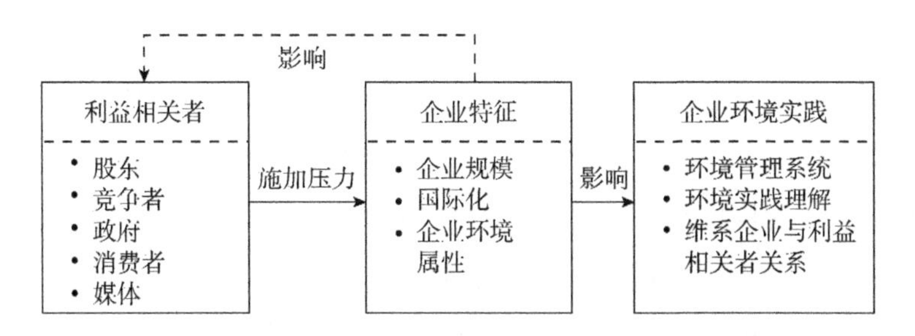

图3-1　利益相关者压力、企业特征对企业环境实践的影响作用

资料来源：笔者依据 Delmas 和 Toffel（2010）整理。

研究，由于不同利益相关者之间也存在千丝万缕的联系，企业感知到的利益相关者压力并不是由来自政府、消费者、竞争者、媒体、社区等不同利益相关者组成的简单的压力集合，进而企业在应对利益相关者压力时只能将其视为一个有机整体，难以做到只选择性地回应其中部分利益相关者的诉求与要求。因此，本书将利益相关者压力视为一个有机整体，探究其在企业环境伦理与前瞻型环境战略以及企业竞争优势关系中的调节作用。

二　商业环境动态性

（一）商业环境动态性定义

目前学术界对商业环境动态性的提出是基于全球经济和信息技术快速演进的背景，所谓“动态性”，即环境对组织临时性的扰乱，Meyer（1982）等普遍认为，这种临时性的扰乱通常是对环境的制度化假设且难以预测，这种扰乱导致的企业制度化实践、技术、组织结构与产出之间出现不可预期的关系，负向影响了组织行为和战略，往往为企业带来与预期完全相反的结果。但是，基于权变理论研究视角，企业管理实践需不断依据内部与外部环境的发展变化，且企业成功的关键即依靠动态的商业环境采取有效的应变策略。

商业环境是影响组织生存与发展的外部客观因素的总和。不同学者对商业环境动态性的态度不同，导致目前学术界对商业环境动态性的概念仍未有统一界定。在诸多概念界定中，Miller 和 Shamsie（1996）最为基础，认为环境动态性是指产业环境中竞争者与消费者行为之间的不确定性以及技术创新与变革的程度，强调了动态变化的持续性。Moorman 和 Miner（1997）提出，商业环境动态性主要是指企业所处技术与市场需求的动态。在此基础上，Baum 和 Wally（2003）总结商业环境动态性特征，将其理解为外界不稳定且难以预测的因素，影响企业识别和获取相应信息与资源，进而使企业在战略决策方面存在不确定性。这些环境不确定因子越多，企业获取技术、市场需求、资源信息难度越大，不可预测性越强，商业环境动态性越强。进一步地，Sirmon 等（2007）将商业环境动态性抽象理解为一种识别与理解事物因果关系的信息缺陷，侧重于描述行业中市场需求、消费者偏好和技术发展变化程度的频率、幅度及可预测性。其中，频率是指发生在两个变化之间的时间间隔；幅度是指环境变化程度；可预测性是指能够被组织或个人预测的未来环境状态程度。当商业外部环境发生变化时，企业会不同程度地为迎合市场或技术的发展趋势调整已有组织战略，以期获得市场领先地位。综上所述，本书将商业环境动态性理解为企业所在的外部市场与技术环境因素变化的程度。

（二）商业环境动态性分类与测量

由于商业环境动态性是一个整合概念，目前学术界主要将其视为整体概念测量外部环境对企业战略的不确定性影响，同时也有学者基于商业环境动态性的特征和要素进行划分。

从商业环境动态性的特征来看，商业环境动态性可划分为不可预测性和速度两个维度，而 Dwyer 等（2004）等强调应从商业环境的动态性和异质性角度进行研究。在此基础上，Mueller 等（2013）又对异质性进行补充，强调商业环境动态性还应基于丰裕性、敌对性和复杂性予以更为细致的划分。McCarthy 等（2010）认为，量化商业环境动态性应从环境变化速率和环境变化方向着手进行划分，以更好地测量环境动态性程度。同时，国内学者也多基于 McCarthy 等（2010）的研究对商业环境动态性进行划分，如束义明和郝振省（2015）基于资源依赖理论，在考量商业环境动态性对企业高管团队沟通与决策影响的过程中，将其根据环境变化不稳定性和速率进行划分，认为商业环境动态性能够正向调节企业高管成员间的沟通与决策效率。

从商业环境动态性的特征来看，多位学者将商业环境划分为市场与技术两个维度，如 Kohli 和 Jaworski（1990）将环境动态性分为以竞争对手和消费者变化为特征的市场动态性和以技术变化与技术突破为特征的技术动态性两个方面并进行研究。进一步地，Troilo 等（2014）将技术动态性解释为产业技术变革及技术发展的速率，认为在社会不断转型的过程中，网络技术、生物技术、通信技术等先进技术不断发展与变革，为企业获取市场份额、战略决策提供技术支持，同时也带来诸多挑战。在市场动态性方面，Helfat 和 Peteraf（2009）将市场动态性理解为顾客需求变化的不稳定和不确定的程度，包含顾客构成和顾客偏好两个维度，认为新产品的涌入、商品市场的竞争加剧都使企业不断推陈出新，从而满足顾客群体需求的高异质性和多样化。

（三）商业环境动态性研究现状

在目前的文献中，商业环境动态性多被应用为外部环境权变变量，以测量外部环境对研究变量影响的边界效应。在商业环境动态性对企业创新行为影响方面，Shu 等（2012）从中国国情出发，提出中国目前诸多行业处于转型期，仍存在制度动荡与制度空洞，为此，商业环境的动态往往会影响企业战略决策的走向。在此研究下，学者普遍将商业环境动态性作为企业创新行为的重要边界条件。其中，彭灿等（2021）发现，在高环境动态性下，企业更能进行双元创新活动以获取竞争优势，即商业环境动态性正向调节企业双元创新行为与企业竞争优势的关系。而在面对相对稳定的商业环境时，由于消费者需求、技术更迭以及竞争对手反馈等方面的变化较为迟缓，因果关系较为稳定，往往导致企业缺乏推陈出新、探索全新战略资源的勇气与魄力（沈鲸，2012）。

（四）小结

现有对商业环境动态性的研究范围较广，且分类方式多样，包括按照商业环境动态性特征和商业环境动态性要素进行划分。目前学术界从不同角度对商业环境动态性展开研究，尤其关注商业环境动态性对企业创新行为的权变作用，普遍认为，复杂多变的商业环境促进企业不断对技术、产品进行创新，以获取更多竞争优势。但是，目前研究也存在一定的局限性，如缺乏在碳达峰背景下进一步挖掘动态的商业环境对企业履行环境责任和对企业竞争优势的影响。商业环境动态性是一个重要的外部环境变量，对企业环保实践、战略决策与选择等均具有重要影响。鉴于此，本书将商业环境动态性作为整体权变变量，进一步探索企业环境伦理在对其竞争优势的影响过程中的边界作用，为企业更好地履行环境责任提供有效的管理启示。

第二节　内在影响因素
——冗余资源

一　冗余资源的界定与内涵

诸多学者认为，企业是由无数不同功能的资源组成的，如 Barney（1991）将资源分成物力资源、人力资源和组织资源，Miller 和Shamsie（1996）将资源分成权力资源与知识资源等。这些不同属性的资源帮助企业制定战略、开展企业行为实践，构建了基于资源的企业竞争优势分析框架（Barney，1991），因而在企业中如何充分利用资源成为学术界与实践界共同研讨的热点。但是，在不断挖掘企业潜在资源并提高企业现有资源利用率的同时，学者和管理者也发现组织所获得的资源与实际所要求的资源间始终存在一定差额，即企业所获资源不能百分之百地被企业吸收利用，在这个过程中产生的剩余资源是企业的冗余资源。Bourgeois（1981）认为，冗余资源既是企业内部潜在的储备资源，也是企业可自由使用的过剩资源；不仅可以帮助企业改良内部治理结构，也可以降低外部商业与政策环境对企业的压力。但是，也有学者将冗余资源视为阻碍企业实现高生产效率的负面资源（Cheng and Kesner，1997）。本书对诸多学者对冗余资源的不同定义进行梳理与概述，具体如表 3－1 所示。

表 3－1　　冗余资源定义

作者	年份	定义
Nohria 和 Gulati	1996	组织在生产给定水平产出时所超出的必要的投入所产生的资源堆积，表现为剩余货币资金、较高制动薪酬、技术超额投入等
Cheng 和 Kesner	1997	企业中增加企业成本、降低运营效率的闲散资源
Greenley 和 Oktemgil	1998	没有被优化利用的有助于企业应对外部环境的资源
方润生等	2009	能够完成企业给定水平后多余的能够随意使用的闲置资源
Simsek 等	2007	能够被组织所支配的企业超出实际需要的过剩资源
孙爱英、苏中锋	2008	是一种为企业提供应对环境变化能力和减轻内部限制的、反映企业资源充裕程度的资源
Bourgeois 和 Singh	1983	企业内部潜在的储备资源和企业可自由使用的过剩资源，可帮助企业改良内部治理结构，降低外部商业与政策环境对企业的压力

资料来源：笔者依据资料整理。

通过文献梳理发现，学术界对冗余资源并没有完全统一的概念界定，不同学者从不同角度对冗余资源进行界定，如 Greenley 和 Oktemgil（1998）等从组织理论角度出发，关注闲置、过剩的资源对未来环境变化的重要作用，Nohria 和 Gulati（1996）、Cheng 和 Kesner（1997）从代理理论角度出发，关注冗余资源对当前企业环境的影响，但是，不管从哪种角度衡量冗余资源对企业的作用，对冗余资源的定义的核心内容是一致的。本书基于冗余资源定义的核心内容将其界定为：超出企业实际经营所需后闲置、过剩的资源存积，包括闲置的厂房、富余的人力资源和资本资源、多余的产能等。

二　冗余资源的分类与测量

冗余资源在企业中以多种形式存在，不同学者对此进行不同角度的划分，主要包括依据冗余资源被吸收程度、易恢复程度、使用灵活性、可利用性、可识别性和存在形态、被管理者利用程度、资源性质等进行划分。本书对冗余资源分类方式进行梳理，具体如表 3－2 所示。

表 3－2　冗余资源的分类

分类标准	文献来源	冗余资源分类
被吸收程度	Thomson 和 Millar（2001）	未被吸收的冗余资源、已被吸收的冗余资源
易恢复难度	Esposito 和 Renzi（2015）	可利用冗余资源、可开发冗余资源、潜在冗余资源
使用灵活性	Sharfman 等（1988）	非沉淀性冗余资源、沉淀性冗余资源
可利用性	Bourgeois（1981）	可利用冗余资源、不可利用冗余资源
可识别性和存在形态	方润生等（2009）	财务冗余资源、人力冗余资源、物质冗余资源
资源性质	Mousa 和 Reed（2013）	财务冗余资源、创新冗余资源、管理冗余资源
被管理者利用程度	Simsek 等（2007）	高可选性冗余资源、低可选性冗余资源

资料来源：笔者依据方润生等（2009）和廖中举等（2016）整理。

在目前关于冗余资源的研究中，大多数学者普遍采用的分类方式是由 Singh（1986）提出的二维分类方式，即依据冗余资源被吸收程度，将冗余资源分为未被吸收的冗余资源和已被吸收的冗余资源，其中，未被吸收的冗余资源是指当前还未被投入使用、较易重新配置、具有高管理判别的资源，如现金、可利用的融资等；已被吸收的冗余资源是指组织中超出企业成本需要的、难以重新利用的资源，如过剩产能、闲置人员配置等。与Singh（1986）研究相似，Sharfman等（1988）依据冗余资源的使用灵活性，将其分为沉淀性冗余资源与非沉淀性冗余资源，其中，沉淀性冗余资源是指灵活度较低的、有特定用途且难以转换的资源，如过剩的员工、设备、厂房等；非沉淀性冗余资源是指灵活度较高的、没有特定用途的资源，如货币资金等。Bourgeois（1981）从资源可利用性角度出发，依照资源能够被随时应用于企业经营发展的程度，将冗余资源分为可利用冗余资源与不可利用冗余资源，其中，可利用冗余资源是可随时依照企业需求运用在企业生产经营系统中的资源，而不可利用冗余资源即已嵌入组织运营链中且难以轻易转换的资源。以Esposito等（2015）为代表的研究从资源易恢复难度出发，认为冗余资源的分类应考虑资源的未来价值和潜在支持，可将其分为可利用冗余资源、可开发冗余资源和潜在冗余资源。其中，可利用冗余是指流动性较强且存在于组织内部，但尚未被采用的资源；可开发冗余是指已经被用于企业生产系统中、需要高额成本进行转化后可被组织重新利用的资源；潜在冗余资源，是指企业资源能够在未来转化为企业重要资源或能够为企业经营发展带来资源支持，如股票债权等。

由以上四种冗余资源分类方式可看出，虽然学者基于不同角度对不同类型的冗余资源的定义名称不尽相同，但实质上具有一致性，如Thomson和Millar（2001）划分的未被吸收的冗余资源、Sharfman等（1988）划分的非沉淀性冗余资源、Bourgeois（1981）划分的可利用冗余资源与Esposito等（2015）划分的可利用冗余资源本质上都在强调流动性较强、灵活度较高、可随时应用于组织环节的资源；Thomson和Millar（2001）划分的已被吸收的冗余资源、Sharfman等（1988）

划分的沉淀性冗余资源、Bourgeois（1981）划分的不可利用冗余资源与Esposito等（2015）划分的可开发冗余资源本质上都在强调流动性较弱、灵活度较低、具有高额转换成本的资源。

此外，依据冗余资源的可识别性和存在形态，以方润生等（2009）为代表的研究将冗余资源分为物质冗余资源、财务冗余资源和人力冗余资源，其中物质冗余资源是指超出企业实际需要的厂房、设备等物质资源；财务冗余资源是指超过企业维持目前发展态势的流动资金和借贷资源；人力冗余资源是指超过企业实际发展需要的知识、技能和员工资源。相似地，Mousa和Reed（2013）按照资源性质将其分为财务冗余资源、创新冗余资源与管理冗余资源。但是由于资源的形态和性质较多，且不同学者的分类方式不同，如Meyer（1982）将冗余资源分为财务冗余资源、人力冗余资源、技术冗余资源、组织控制冗余资源，而方润生等（2009）将冗余资源分为物质冗余资源、人力冗余资源与财务冗余资源，难以涵盖企业所有经营环节的冗余资源，因而本书采取较经典且被学者普遍应用的Thomson和Millar（2001）分类，将冗余资源分成未被吸收的冗余资源和已被吸收的冗余资源两部分进行研究。

在测量方面，目前学术界对冗余资源的测量主要分为两种方式，即财务指标测量和非财务指标测量。

1. 财务指标测量

诸多学者从财务角度对冗余资源进行测量，其中较常见的指标有利润率、流动比率、股权资产负债率、权益报酬率、投资回报率等，譬如Cheng和Kesner（1997）将冗余资源分为可用的冗余资源、潜在的资源冗余和可恢复的冗余资源，其中采用流动比率（流动资产/流动负债）测量可用的冗余资源，采用股权资产负债率测量企业潜在的资源冗余，用管理费用所占销售业绩的比重测量可恢复的冗余资源；刘海建（2013）则采用三年内平均资产规模的对数来测量未被企业吸收的冗余资源，采用三年内营业额的自然对数测量已被企业吸收的冗余资源，使数据更具延续性。

虽然财务指标客观反映了企业设备、厂房、应收账款等资源的冗余，是关于冗余资源实证研究的重要数据来源方式，具有客观性和科学性，但这种测量方式也存在一定的局限性。首先，大部分的财务指标是基于企业的静态截面数据，即某个时点的平均数值，并不能全面反映企业冗余资源的演变趋势；其次，采取连续时间段对冗余资源进行测量的学者在研究中也存在有效性问题，如刘海建（2013）采用三年内平均数据方式对冗余资源进行测量，结果表明，平均资产规模的对数和营业额的自然对数难以综合反映企业多种资源的冗余；最后，采用财务数据测量组织内冗余资源情况难以有效反映出与财务冗余性质不同的其他方面的冗余资源在组织中的作用。

2. 非财务指标测量

通过非财务指标进行冗余资源测量的方式也较为普遍，尤其是采取企业经理人对组织冗余资源进行主观评价的调查问卷方式，如 Barney（1991）采用调查问卷方式，将冗余资源分为 3 个方面，共计 9 个题项，包括组织能够发现现有资源的新用途、组织能够与金融机构建立良好合作关系等；方润生等（2009）在此基础上进行改良，采用组合冗余和分散冗余两个部分测量企业冗余资源，共设 8 个题项，包括企业引进先进的技术、企业引进各种专门人才等；Troilo 等（2014）采用 3 个题项对冗余资源进行统一测量，具体题项包括企业能够在短时间内为企业战略提供支持的资源、企业能够在短时间内获取资源以支持企业决策等。

这种主观评价的测量方法反映了企业管理者对企业已有的不同种类冗余资源的认知，且这种认知不仅仅局限在财务上。由于资源在组织中需要不断进行重新配置，静态截面的财务数据虽然精准度高，但往往难以衡量资源的动态变化。本书认为，采用调查问卷的测量方式虽然具有一定的主观性，但相较于财务指标测量方式，其更能反映组织内多种冗余资源的状况并解释冗余资源与组织中不同现象之间的关系，因而本书采用调查问卷方式对企业冗余资源进行测量。

三　冗余资源的研究现状

首先，在冗余资源的驱动因素方面，商业外部环境、组织规模和组织前期发展状况是影响冗余资源的主要因素。从组织理论角度出发，冗余资源的重要作用之一即为企业提供“缓冲器”。因此，当企业面对的外部商业环境变化较快时，企业会提高冗余资源的数量使其为企业提供更多的缓冲机会（Sharfman，et al.，1988）。魏峰等（2024）提出，在危机情境下，规模越大的企业，所拥有的冗余资源越丰富，通过有效配置这些现有的和潜在的冗余资源越能帮助企业实现更优绩效。此外，Singh（1986）发现，企业前期发展状况与组织中未被吸收的冗余资源和已被吸收的冗余资源相关，且企业前期发展绩效促进已被吸收的冗余资源增加，也会增加企业投资风险。

其次，学者从不同角度探讨了不同类型的冗余资源对企业战略与行为的影响，尤其是冗余资源对企业绩效和创新影响的探究一直是学术界的研究热点。根据本书对冗余资源概念的梳理，学者对冗余资源的作用产生不同的见解，这些不同见解逐渐形成了两种不同观点：一是从组织理论出发，认为冗余资源对企业绩效和创新发展起积极作用；二是从代理理论出发，认为冗余资源对企业绩效和创新发展具有负面影响。其中，根据代理理论观点，组织是由多个利益冲突群体组成的，这些彼此冲突的利益关系构成了不同的委托—代理关系体系。本质上，代理理论始终是站在行使股东权益的委托人角度评价企业冗余资源的，认为作为企业管理者的代理人会出于对权利、名誉、声望、薪资等个人目标的追求而将冗余资源维持在一定水平上，方便其工作扩张、逃避等行为。Jensen（1993）和 Child（1972）发现，冗余资源的增加会减少创新的动机，促进企业进行不规范的研发投资与行为，虽然这种行为能够促进经理人自我利益的实现，但其带来的市场与经济附加值较少，降低了企业原本的经济效益。因此，从代理理论角度出发的学者认为，这种代理人自我利益的目标会与委托人关于组织的整体发展目标相冲突，进而造成委托代理矛盾和组织浪费，形成企业绩效的低效率。

而就组织理论角度而言，组织是由内部多个小团体组成的，这些团体目标既有重合也有冲突，而冗余资源虽是存在于企业内部的闲置资源，但可在某种程度上联系组织内部诸多团体，防止组织分裂并为组织提供应对外界威胁和快速市场变化的"缓冲器"，促进企业内部战略不断进行调整与创新，使企业实现价值最大化。Bourgeois（1981）发现，冗余资源能够帮助企业构建创新文化，有助于企业落实企业战略并促进企业实施创新行为；Vanacker 等（2013）认为，冗余资源能够帮助企业免于动荡的环境，可将更多资源投入发展的最新趋势中，以促进企业创新，加快企业转型并提升企业绩效水平；李文君和刘春林（2012）发现，无论是非沉淀性冗余资源还是沉淀性冗余资源，都对企业的资产净利率产生正向影响；Gentry 等（2016）认为，组织冗余资源的存在有助于帮助企业从一般创新过渡到绿色创新。由此可见，从组织层面的视角出发，企业冗余资源的存在为企业提供充足的资源，使企业在维持自身原本经营外还能实施其他战略性投资行为，以应对内外部环境的突变。

一些学者在不断探索代理理论和组织理论关于冗余资源的不同态度时发现，虽然两种观点关注企业的不同方面，但实质上并不是对立的。代理理论对冗余资源的否定主要是针对冗余资源的使用方面，而非冗余资源本身，认为冗余资源易使管理者做出道德风险和逆向选择行为；而组织理论则是关注企业整体组织利益和企业的社会嵌入性。随着研究的深入，越来越多的学者发现冗余资源对企业的积极作用。虽然可能产生机会成本，但冗余资源的存在不仅能提高企业抵御外部风险，支持企业进行一些新的尝试，还可有效缓解企业内部关于资源的冲突。而对于代理理论提出的绩效低效率问题，也有学者提出，效率并不是企业唯一要实现的目标，企业根据不断变化的市场、消费者、政策导向等调整企业内部战略和反应方式并提高企业战略柔性和创造性行为，以提升企业在市场中的竞争优势，这才是比狭隘效率对企业而言更重要的目标。

四 小结

学术界对冗余资源研究的起源较早，并针对冗余资源内涵、分类、测量及与企业相关研究展开广泛探讨。目前学者主要依据冗余资源被吸收程度、易恢复程度、使用灵活性、可利用性、可识别性和存在形态、被管理者利用程度、资源性质等进行划分，但本书通过梳理发现，虽然不同学者对具体冗余资源类型的命名不同，但本质上具有一致性，多数学者将冗余资源分为两种类别，包括转换较灵活且流动性强（如货币资金、可利用的融资等）的资源的冗余和转换难度较大且流动性差（如设备、厂房等）的资源的冗余。

由于学者采取不同的理论角度，其在探讨冗余资源对企业的作用时存在不同的看法。从组织理论角度出发，学者认为冗余资源对企业具有积极作用，主要分为三个层面：一是冗余资源作为企业的闲置资源，多以实物形式存在于组织内部，能够通过合理调配实现其潜在价值，且在面对外部不断变化的环境时具有抵御风险的缓冲作用；二是冗余资源能够为企业创新行为和实践提供宽松的资源环境，使企业更易进行战略转型与变革，具有对企业创新和变革行为提供资源和技术支持的作用；三是冗余资源存在于组织内部，能够有效缓解部门间关于资源紧缺的冲突，从而提升组织内部黏性和嵌入性。而从代理理论出发，学者认为，委托人与代理人之间存在信息不对称问题，代理人出于个人利益最大化考量在企业中闲置大量资源，造成企业的低效率与浪费现象。

虽然目前关于冗余资源的研究已取得诸多成果，但诸多研究仍采取理论研究方式，实证研究较少，且诸多研究局限于探讨冗余资源对企业经济绩效的直接与间接影响，忽略了经济绩效并不是企业实现的唯一目标，尤其是在当下倡导绿色发展的时代背景下，企业还应不断提升企业战略柔性和创新，紧跟不断变化的绿色市场、消费者绿色偏好等新趋势，提升企业整体竞争优势。由于冗余资源能够为企业提供宽松的资源与技术环境，冗余资源数量多少和类别多样化程度影响企业将战略内容落实到创新实践的转化强度。因此，在前瞻型环境战略、绿色创新与企业竞争优势的研究中，冗余资源的调节作用不可忽略。

第三节　本章小结

本章回顾了利益相关者压力、商业环境动态性和冗余资源的相关文献，通过梳理相关概念的内涵、不同分类方式和测量方式等，对所有边界影响变量的研究进展进行总结与探讨。

不同学者对于环境管理，尤其是环境伦理体系构建对企业优势产出的研究结论并不一致，如不同企业构建企业环境伦理体系但影响效果不同以及不同企业制定前瞻型环境战略但落实到实践上所收获的成效不同，这也是因为现有研究忽略了二者间的边界条件。因此，本书基于利益相关者理论、资源基础理论和动态能力理论，从外部边界影响因素（利益相关者压力与商业环境动态性）和内部边界影响因素（冗余资源）相结合的视角探究企业环境伦理对企业竞争优势的作用机理与边界条件，为企业在动态商业环境下更好地履行环境责任提供依据。

第四章　企业环境责任对企业可持续发展的影响

第一节　企业环境伦理对企业竞争优势的影响

依据资源基础理论，企业是由不同形式与用途的资源组成的集合体，且不同企业所获取的资源具有异质性特点，这决定了不同企业在竞争优势上存在差异。这些企业存在的特殊资源不仅局限于设备、员工、财务等有形资源上，还体现在技术、企业文化、企业价值观等无形资源上。在此基础上，Barney 等（1991）提出自然资源基础理论，强调企业经济发展与环境可持续发展的良性关系，认为企业在维持自身经济增长的同时关注环境管理才能够获得行业内的竞争优势。目前，随着国家与社会对环境保护问题越来越重视，企业作为社会经济发展的微观组成部分应顺应时代发展趋势，投入一系列与环保相关的资源以促进企业可持续发展。

企业环境伦理作为企业的一种特殊无形资源，既是企业环保文化的高层次意识，也是企业不可复制的核心资源，且具有异质性特征（Chang，2011）。一些学者认为，企业环境伦理通过帮助企业规范企业价值和期望等伦理性行为，能够改变组织以往对环境问题的认知与价值观，从认知上增强企业对环境战略和环保实践的理解，建立起与其他竞争者在认知上的壁垒，形成差异化的竞争优势（Ahmed，et al.，1998；Chen and Cao，2003）。资源基础理论指出，企业竞争优势根源于能为企业带来经济租金的特殊资源。具有高环境伦理的企业不仅能够规范企业价值观和企业实践，使其避免承担违反环境法律法规的惩罚和风险；而且在提高全组织环境道德的认知过程中，提升了企业在行业中的绿色形象和经济收益（Chen，et al.，2006）。由此可见，企业环境伦理的构建有助于企业实现经济绩效，促进企业竞争优势的形成。

然而，也有学者认为，基于内在价值原则的环境伦理难以将这种伦理价值观转化为产品与服务并有效应用于企业环境实践。但是，遵循环境伦理是企业承担环境社会责任的体现，通过建立明确的关于环保方面的道德标准和行为准则，促使企业更加积极履行环境责任，将环保因素更多地融入企业实践活动中，满足不同利益相关者关于环境的需求，提升企业在可持续发展时代下的整体竞争力。在此基础上，Chen 等（2013）将企业环境伦理价值观对企业绿色实践的作用具体化，认为建立环境伦理价值观体系的企业通过道德指引与规范能使企业在原材料选择、产品设计、生产加工、产品分销、产品包装和产品使用后的废物处理的全过程自觉减少废料、废水、废气的排放，降低环境污染，不仅帮助企业免于环境处罚，而且为企业赢得环保竞争优势。秉承环境伦理动因的企业能够有效引导资源的有效配置并创造更多能用于绿色实践的资源，提升资源的差异性和异质性，获得其他竞争者无法模仿的优势（陈力田等，2018）。

从现有关于企业环境伦理的相关文献中发现，企业构建环境伦理体系是获得竞争优势的关键要素。发展并构建环境伦理体系的企业通过环保规范的制定促使企业从被动环境治理转换为主动环境防治，即企业在环境伦理影响下主动投资并调动资源，在原本战略和企业实践中增加绿色因素，提升企业对资源的整合能力与创新能力，降低原材料在获取、加工、包装、使用、回收中的浪费，为企业赢得更多的市场占有率和机遇，进而帮助企业获得行业中的竞争优势。此外，也有学者在研究中发现，企业中管理者对环境伦理的理解、态度和感知能力影响企业绿色实践过程，而具有高环境伦理认知的管理者更注重企业绿色实践的开展，这不仅可以能帮助企业实现更好的环境绩效，也有助于企业获得竞争优势（Gadenne，et al.，2009）。基于以上分析，本章提出假设 H4－1。

H4－1：企业环境伦理正向影响企业竞争优势。

第二节　前瞻型环境战略与绿色创新的中介作用

一　前瞻型环境战略的中介作用

企业环境伦理是企业关于环境问题的价值观与行为指南，被视为组织文化的重要属性，有助于企业实现愿景。Sharma 等（2011）认为，只有将企业环境伦理这种体现组织环保态度和价值观的元素纳入企业资源配置和建设中，才能使组织战略与组织目标更好吻合，从而匹配出更符合组织发展与时代要求的更主动的环境战略，以实现组织目标。由此可见，企业环境伦理实施效果与前瞻型环境战略的制定有着积极的联系。

从组织战略角度出发，企业战略是企业文化的决策性反应，不仅需要企业价值观和文化体系的支撑，而且有着较深的组织文化烙印。优秀的组织文化和价值观往往对企业战略进行指导，是实现企业战略的重要驱动力和支柱。企业环境伦理作为企业与自然环境管理之间关系的伦理原则、信念与规范的总和，既是企业的“软”管理，也是企业关于环境价值观和绿色文化的直接体现，有助于推进企业环境战略的制定（Weaver 等，1999）。企业在组织内部构建环境伦理体系，规范企业中关于环保的道德规范和行为准则，以生态永久性和人道主义为基本原则，主张在所有产品设计、研发、生产、销售等实践活动过程中不可恶化自然环境、威胁人类健康，将环保的道义融入组织中的各层面和各环节的同时，也将这种信念注入环境战略制定的过程中。

与被动遵守企业环保法规以规避环境处罚的反应型环境战略相比，前瞻型环境战略主动进行污染预防，在源头消除污染的战略相较于末端治理更符合企业环境伦理的要义。杨栩和廖姗（2018）发现，尤其是对于资源稀缺且合法性不足的新创企业初创期而言，企业更需依靠已有资源创造环境伦理的价值，以有效克服企业环保认知上的缺陷，这样才能促进企业制定环境保护战略，提升企业形象。

此外，Chen 等（2013）认为，企业建立关于环保的伦理文化与伦理价值观，直接或间接影响企业管理者在组织中制定环境战略的感知与判断。基于高阶理论，企业的管理者会根据自身对环境问题的认知和重要性识别，调度企业已有资源并进行有效战略选择，提升企业战略与行为在制定和实施过程中对环境的保护。企业环境伦理对管理者认知影响越强，企业越倾向于将环保元素融入战略层面，以推进前瞻型环境战略的制定。同时，Lyles 等（2010）发现，这种影响在中国本土企业中尤为明显。因此，无论是从企业战略层面还是企业高管层面进行分析，都可看到企业环境伦理对企业前瞻型环境战略的积极影响作用。

针对企业战略与竞争优势之间的关系，Porter（1985）提出，企业战略是企业创造价值和超越竞争对手的重要手段，企业通过差异化、专一化等战略方式，实现竞争对手无法模仿与复制的竞争优势。自然资源基础理论强调企业利用资源的环保属性，建立了基于企业经济发展与自然环境保护之间关系的竞争优势模型。Hart（1995）延续了这一观点，提出主动进行污染防治、积极推进产品绿色管理及清洁工艺技术的企业会相较于其他竞争者优先进入绿色消费市场，从而获得成本和市场中的领先地位，实现竞争优势。

虽然早期也有学者质疑前瞻型环境战略对企业的积极影响，认为企业改变原有生产方式，甚至牺牲部分产能以维护自然环境的战略会对企业财务水平产生负担。但随着研究的不断深入，越来越多的学者发现，前瞻型环境战略与企业竞争优势之间并非对立关系；相反，与其他环境战略相比，前瞻型环境战略对企业竞争优势的促进作用更强

(Chen, et al., 2016; Sharma and Vredenburg, 1998)。具体来说，相较于反应型环境战略，前瞻型环境战略具有超越企业为遵守法律法规而实施基本应对行为的主动环保策略，通过采取积极措施降低企业行为对环境的污染和节约企业所消耗的能源，既降低了企业处理废料的成本，保障企业经济效益，也提升了企业运营效率，促进企业可持续发展(Chen, et al., 2016)。同时，采取前瞻型环境战略的企业会主动并持续地增加其对环境保护的投入，如购买排放标准更高、清洁技术更先进的设备，对企业职员进行环保培训并对其具体实践活动提出环保要求，增加对厂房、设备维护与升级以降低能源浪费与消耗等，努力将环保因素融入企业战略和行为中，使企业在提升环保能力的同时，树立企业良好的绿色形象和声誉，并在满足消费者绿色需求的同时，扩大企业在行业内的市场占有率和知名度，实现企业竞争优势（Chen, et al., 2006)。

基于核心能力理论资源基础学派的观点，企业内部资源的获取与配置对形成企业竞争优势具有重要作用。而企业战略作为企业行为的指导思想，其价值在于引导企业将有限的资源进行高效配置，使企业能够主动适应环境变化，以实现企业目标并获得竞争优势。可见，企业战略是企业资源形成竞争优势的关键纽带。本章依据这个思路，构建“资源—战略—优势”的理论模型，将企业环境伦理视为企业关于环保价值观的伦理资源，前瞻型环境战略是将环保元素融入组织战略层面的重要战略。依照这个理论模型，企业环境伦理会促进企业前瞻型环境战略的制定，进而使企业获得竞争优势。前瞻型环境战略的中介模型框架如图4-1所示。基于上述分析，本章提出假设H4-2。

H4-2：前瞻型环境战略在企业环境伦理和企业竞争优势之间具有中介作用。

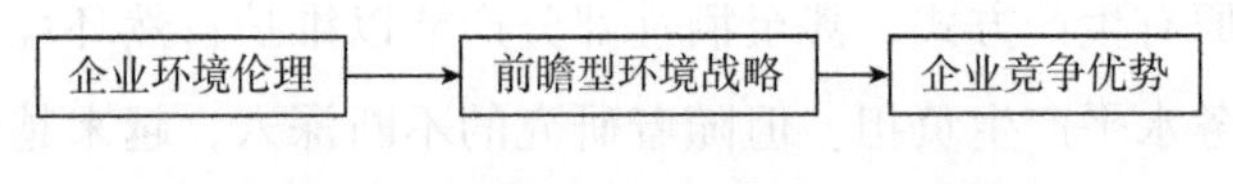

图4-1 前瞻型环境战略的中介模型

二 绿色创新的中介作用

依据组织行为学对组织文化和价值观的研究，组织文化和价值观不仅能够引导企业成员的个体思想和行为与企业核心价值观趋同，同时也对企业整体的价值取向和经济实践起导向作用（Corrocher and Solito，2017）。在组织中，通过建立组织自身系统的价值和规范标准，纠正组织战略误区和与组织价值、道德标准相悖的实践行为，以促进组织的良性运营与发展。在当下倡导绿色的时代背景下，与绿色设计、绿色战略、绿色生产、绿色消费等环保概念相关的理念成为企业发展的关键，但是在企业具体实施环保行为前，Schuler 等（2017）、Kimerling（2001）认为，企业环境伦理作为帮助企业可持续发展的重要环保文化与价值观，对企业行为具有积极影响。

Chang（2011）认为，企业在面对日趋严格的环保法律法规和不断增强的社会公众环保意识时，应不断创新理念与实践，以顺应绿色潮流。但由于绿色创新是在企业并不熟悉的新标准、新技术与新工艺领域中进行研发，并不能凭空产生，导致绿色创新行为更具挑战性和风险，这就需要企业合理调配资源、挖掘潜在能力，以推动企业关于产品绿色创新与流程绿色创新的开发与探索（Chen，et al.，2006；陈柔霖和李倩，2020）。Weaver 等（1999）发现，驱动企业进行产品绿色创新和流程绿色创新行为的主要因素之一就是企业环境伦理体系的构建。环境伦理理念在组织中越受到重视，组织中以环境保护行为的价值感知和行为意愿的推动作用就越强，越能促进绿色资源与能力在组织中得到更为合理的匹配与应用，从而使企业在处理环境问题和自身发展关系时越能更好地找到平衡。

近年来，越来越多的学者发现，企业环境伦理与企业绿色创新之间存在积极联系（Chen and Huang，2010；Schuler，et al.，2017）。通过建立环境伦理体系，规范企业内部关于环境的道德标准与行为准则，使企业各部门了解环保理念并认识到环境伦理价值观在生产及运营中的重要作用，自觉依照环境要求，积极研发降低污染排放的工艺，不断开发新型环境友好型产品并降低能源和原材料的消耗，努力提升企业资源的利用效率，最大限度地使用可降解且对环境无害的材料等，进而促进企业产品和流程的绿色创新（Chen and Huang，2010）。陈力田等（2018）在对企业战略柔性和环境伦理进行绿色创新行为动因效用比较时发现，具有环境伦理属性的企业会积极向公众有利的方向配置资源，促进绿色创新行为的引发和实施，且相较于战略柔性，环境伦理更易引发企业绿色创新行为。Chen 等（2013）通过采用 SEM 模型对中国台湾制造业进行分析，发现企业环境伦理通过影响组织中与环保相关的知识、技能、创造力、承诺等绿色人力资本，提升企业绿色能力，增强企业内部对环境问题的信念、态度与行为，促进企业产品及生产过程的优化，提升企业绿色创新水平。因此，企业通过构建环境伦理可有效促进企业产品及流程绿色创新行为的开展与实施。

从战略管理角度出发，具有环保导向的企业创新实践为企业竞争优势的获得提供了有效路径。虽然绿色创新具有风险性，但企业发展始终是机会与威胁共存。当企业将环境问题识别为一种机遇时，就会主动向环保实践中投入更多财务、物质等资源，通过积极购买设备降低废料排放、研发可生物降解包装材料等方式，最大限度地降低企业生产经营活动对环境的负荷，为企业带来竞争力。Pujari（2010）通过对绿色创新过程的细化研究，提出绿色创新中关于产品绿色创新的多角度模型，强调企业应在材料、能源与污染治理三个方面对可回收材料、清洁能源和源头污染防治进行管理，将绿色创新贯穿到企业产品生命周期各阶段，促进企业可持续化发展。区别于以消费环境为代价的企业传统发展模式，实施绿色创新的企业在产品和流程研发上以环保性为依托，通过改良生产技能、开发清洁技术，不断增强企业内部对环境问题的认知与识别，动态督促企业进行绿色革新，不断增强企业关于环保的竞争力。

依据战略选择理论，企业差异化产品驱动绩效表明，通过改良生产过程和工艺，形成与竞争对手有差异的绿色产品能更好地满足日益增多的消费者绿色偏好，获得其他竞争者无法实现的竞争优势。在面对绿色产品生产成本高昂的问题时，Shrivastava（1995）发现，成本并不会成为企业实施绿色创新的阻碍，随着消费者对绿色产品需要和偏好的增多，绿色市场交易中的“环境溢价”效应越强，即消费者为环保型产品支付昂贵费用的倾向性加强。同时，创新补偿理论进一步阐明，优先进行环境管理的企业会通过绿色创新改良产品和生产流程，提高企业整体生产效率和资源利用率，使其获得先驱优势。优先实施绿色创新的企业是将企业环境责任与其核心业务进行有机结合，在为企业获得经济绩效的同时将环保纳入创新体系中并在企业产品生产和加工过程中加入绿色元素，提高产品的差异性，相较于传统企业优先挖掘绿色市场潜力，扩大其市场占有率（田虹、陈柔霖，2018）。

由于企业行为受企业整体文化和价值观的影响，在环境伦理价值观的引导下，企业能够高效识别并认识到环境问题的重要性并在环保道德规范和准则下优先进行产品与过程的绿色创新，使企业不仅能够达到政府所设立的环境标准，也有助于拉动整个行业的环境标准体系，提高企业进入壁垒，有利于提升环境管理效能和自身市场地位，获得竞争优势。因此，企业环境伦理可通过产品绿色创新和流程绿色创新获得差异化优势和创新补偿，促进企业实现竞争优势。绿色创新的中介作用模型如图 4－2 所示。基于以上分析，本文提出假设 H4－3。

H4－3：绿色创新在企业环境伦理与企业竞争优势之间起中介作用。

H4－3a：产品绿色创新在企业环境伦理与企业竞争优势之间起中介作用。

H4－3b：流程绿色创新在企业环境伦理与企业竞争优势之间起中介作用。

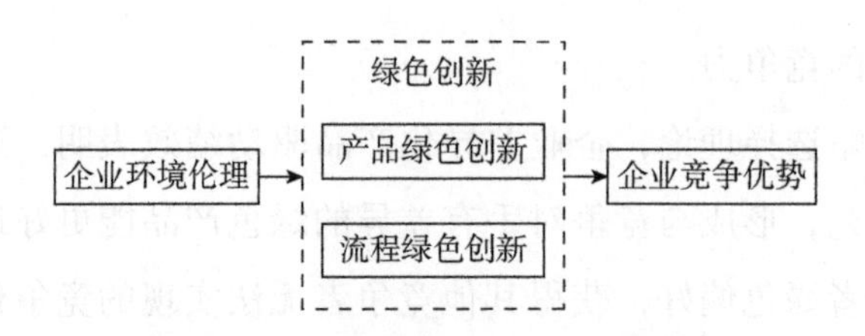

图4-2 绿色创新的中介作用模型

三 前瞻型环境战略与绿色创新的链式中介作用

企业战略选择和导向决定了企业实践活动的方向和内容，同时也反映了企业内部资源的配置情况。绿色创新作为与环境保护紧密结合的新型创新，其具体行为表现也同样受到战略目标和任务紧迫性的影响。而从企业战略布局角度出发，根据环境问题的战略性思考形成的环境战略是推动绿色创新变革的重要因素。Ryszko（2016）采用波兰数据分析了前瞻型环境战略对生态创新的影响，发现采用前瞻型环境战略的企业不仅没有使企业丧失自身优势，反而提高了生产效率，使企业更快地适应外部商业环境的变化并创造更多的市场价值，实现经济和环境绩效的双赢。Corrocher 和 Solito（2017）发现，企业实施具有前瞻性战略导向的环境管理系统（EMS），有助于企业内部进行复杂的环境管理行为，如产品环保性能评估、环保工艺标准控制、环保标签说明等，有效促进组织内关于环保知识与资源的使用，激励企业关于绿色工艺和技术的学习与应用，鼓励并控制企业关于产品环保生产和流程清洁设计的行为，是绿色创新行为的重要决定性因素。

绿色创新需要依托企业具体环境战略才能得以产生和实现。Chen等（2016）将前瞻型环境战略与反应型环境战略影响下的绿色创新进行比较，发现只有在前瞻型环境战略下进行绿色创新，才能促进企业绿色创造力和产品绿色发展绩效，而反应型环境战略并不能激发企业进行绿色创新实践。前瞻型环境战略相对于其他被动式的环境战略更具可持续性愿景，为企业提供更多可用于绿色变革的资源，以支持产品和流程中的绿色创新实践的开展。基于“波特假说”和创新补偿效应，实施前瞻型环境战略的企业会激发其绿色创新潜力，优先进入新市场，树立良好环保口碑，有助于企业摆脱价格战的恶性竞争，使企业在与其他竞争者竞争时获得领先地位。

绿色创新相对于传统创新，其路径依赖性更强且内容更复杂，这要求企业需匹配相应的绿色资源与能力，而前瞻型环境战略正是在企业环境伦理价值观影响下形成的企业针对环境问题的战略，其环保标签体现了企业战略对企业实践的态度和导向。在此背景下，前瞻型环境战略为企业环保实践提供了丰富的资源和能力，通过研发清洁技术、生产环境友好型产品、探索环保工艺等在产品生产流程中进行绿色创新，以防止环境恶化（Hart，1995）。Pohlmann 等（2005）发现，组织文化通过战略的制定对其创新行为产生积极影响。建立并传播带有环保理念的企业环境伦理，为企业营造环保的、开放的氛围，有助于企业在战略决策中认识到绿色的重要性并优先考虑环境效应，通过制定前瞻型环境战略主动地指导企业进行全方位的绿色实践，如缩短绿色创新属性的产品研发周期、加强与同样重视环保的绿色供应商和战略伙伴间的紧密合作、积极探索污染控制下的产能提升方案等，提升企业环境管理效能（Clarkson，et al.，2011）。相反，组织中若没有制定关于环保的道德标准和准则，使企业往往难以关注到环保于企业发展的关键作用，因而在制定战略过程中，企业易把环境问题当作企业的威胁，把环境战略当作企业免于环保规制的手段，而非从本质上将绿色视为未来发展的重要契机，这样的被动应对行为使企业在生产和研发上难以突破现有的产品生产技术，使企业在可持续发展潮流中失去先机，慢慢被市场淘汰。Leenders 和 Chandra（2013）指出，企业内部环境意识相对于外部市场和政策的影响，更能促进企业主动制定环境战略，推动绿色创新实践的开展并提升企业在市场中的竞争力。由此可见，企业环境文化和价值观决定了企业的战略类型和方向，而战略控制决定了企业具体实践内容的开展，直到创新能够为企业带来差异化的新优势。

本章在战略管理逻辑范式“资源—行为—优势”的基础上进行拓展，并基于自然资源基础理论和创新理论，认为战略并不能凭空产生，而是受组织内建立的价值观的引导，进而促进企业创新行为，因此，本章构建了“伦理资源—战略制定—创新行为—优势产出”新研究框架，形成了“企业环境伦理—前瞻型环境战略—绿色创新—企业竞争优势”的链式中介模型（见图4－3）。通过建立企业环境伦理价值观体系，企业才能认识并理解环境管理的重要性并制定前瞻型环境战略，提高能源与资源利用率并改善产品绿色性能，进而形成企业壁垒，使企业获得先驱优势和差异化优势，进而优先进入绿色市场以获得整体优势。基于以上分析，本章提出假设H4－4。

H4－4：前瞻型环境战略和绿色创新在企业环境伦理和企业竞争优势间具有链式中介作用。

H4－4a：前瞻型环境战略和产品绿色创新在企业环境伦理和企业竞争优势间具有链式中介作用。

H4－4b：前瞻型环境战略和流程绿色创新在企业环境伦理和企业竞争优势间具有链式中介作用。

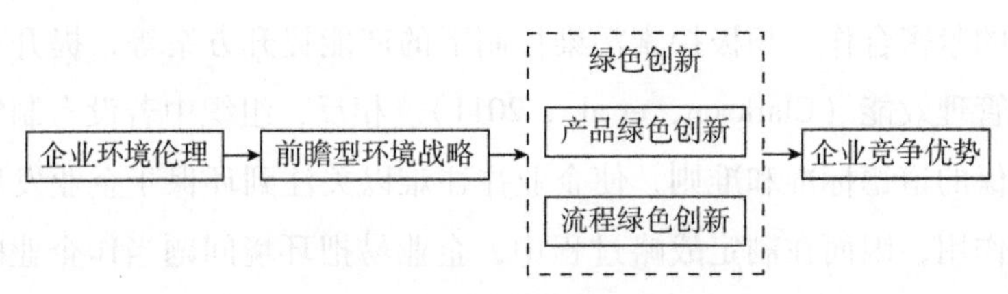

图4－3　链式中介模型

第三节　利益相关者压力、冗余资源与商业环境动态性的调节作用

一　对企业环境伦理与企业竞争优势之间关系的调节

随着绿色环保理念的发展，不少学者将企业与自然间的交换视为

企业价值实现的关键。重视环保理念的企业不仅强调与环保因素结合在一起的实践活动的重要性，也注重在企业中全面建立环境伦理价值观，从认知和思维上纠正企业内部关于环境管理的误区。企业环境伦理能够有效引导企业减少从原材料选取、能源使用、产品设计与生产、包装到废物处理全过程的污染，不但帮助企业规避环境保护法规带来的风险，同时帮助企业构建超越其他竞争者的竞争优势（Chen，et al.，2014）。虽然环境伦理体系的构建为企业带来诸多益处，但是，不同企业建立环境伦理体系的效果、持久性不同，使企业因环境伦理构建而获得的竞争优势大小不同。这表明在企业环境伦理形成竞争优势的过程中，企业受到了其他因素的影响。陶爱萍等（2013）指出，企业惰性是企业技术与认知进步的重要阻碍，受企业惰性的影响，企业易陷入“认知惯性”思路，造成企业生产运营的“僵化”，难以实现创新并维持企业竞争优势。为了打破企业本身的惰性，企业需要来自内部与外部的监督机制。Buysse 和 Verbeke（2003）发现，在经营过程中，企业不可避免地受到来自政府环境监管、环境组织和社会团体、企业内部员工、股东、供应商及媒体环境行为报道等的利益相关者压力，这种压力促使企业更好地规范环保价值观、践行环境管理理念。政府环境监管压力推动企业按照环境保护法律法规规范企业内部环保准则、建立组织道德承诺，从根源上建立关于环境管理与绿色发展的共同信念，以纠正企业自利行为，推动企业整体环境管理实践，从而提升企业竞争力。严格的政府环境管理在激励企业提升环境认知和企业环境伦理价值观基础上，要求企业在产品生产及加工过程中满足政府制定的环境标准，提升企业在绿色市场中的竞争优势。此外，消费者、民间环保组织、媒体等外部利益相关者对企业进行约束也同样重要。曹慧珍（2003）强调，民间环保组织为监督企业环境管理提供了群众基础。由此，随着消费者环境意识的提高和绿色购买行为的增加，社区与民间环保组织通过对企业环保价值观施加压力，促使企业积极推广环境伦理价值观并建立健全企业关于环保的道德规范、培训、监督执行、协调、反馈及惩戒体系，使企业由在思想上对环保问题进行主动识别向实际环境管理行为转变，提升企业整体竞争优势（陈柔霖、田虹，2019）。基于以上分析，本章提出假设 H4－5。

H4－5：利益相关者压力正向调节企业环境伦理对企业竞争优势的影响。

二　对企业环境伦理与前瞻型环境战略之间关系的调节

战略管理经典范式强调企业认知推动企业行为，但往往很多企业即使通过构建伦理体系提升企业认知，也没有对企业战略的制定起到实际的引导作用。针对这个现象，Yang 等（2018）认为，在企业认知形成战略的过程中，外界对企业的督促与介入是企业战略形成的“催化剂”。诸多学者认为，利益相关者对企业压力的增加会加速企业由认知向前瞻型环境战略转化的主动性和积极性（Sharma and Vredenburg，1998；Carballo-Penela and Castromán-Diz，2015）。Mitchell 等（1997）构建利益相关者模型并依此模型将影响力、合理性和紧急性作为企业利益相关者对环境影响力的判断标准。Berry 和 Rondinelli（1998）发现，政府、消费者、企业内部员工和企业竞争者尤其影响企业战略的制定与执行。Henriques 和 Sadorsky（1999）在此基础上进一步整合利益相关者类别，将其分为规制利益相关者、组织利益相关者、社区利益相关者和媒体四类，认为消费者、股东及政府规制相对于媒体对企业执行前瞻型环境战略影响更大。在越发严峻的环境问题面前，消费者绿色偏好性不断增强，环境友好型产品不断产生“环境溢价”，为企业带来新的发展机遇；基于声誉和口碑角度，供应商也更加倾向于为环保型企业供货；媒体则基于公众角度，不断加大对非环保型企业的披露，以确保企业遵守环境道德规范。同时，在企业内部，企业员工不断收集与环境保护相关的知识并提升相应技能，为战略实施提供有效支持；股东则基于企业整体可持续发展和企业声誉角度，要求企业管理层制定积极的环保战略。Murillo-Luna 等（2008）通过研究西班牙企业发现，不同利益相关者在对企业环境压力施加方面具有互通性，即企业无论从哪个层面感知到环保压力，都会进行同样的战略性反应。以上均体现了利益相关者对企业环境问题施加的压力，也进一步要求企业落实环境伦理价值观，督促组织由对环境问题进行解读和认知向制定前瞻型环境战略过渡和引导，主动出击将市场绿色化趋势转化为企业发展新机遇（Sharma and Vredenburg，1998）。利益相关者的调节作用模型如图 4－4 所示。基于以上分析，本章提出假设 H4－6。

H4－6：利益相关者压力正向调节企业环境伦理对前瞻型环境战略的影响。

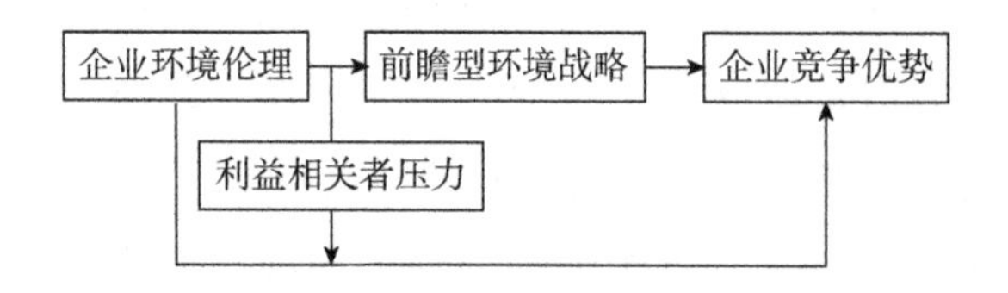

图 4－4　利益相关者压力的调节作用模型

三　冗余资源对企业环境责任的影响

企业是一个开放的系统，企业战略无不与其试图获取资源的行为有关，即资源的富足程度决定了企业对外部关键资源供应的依赖程度和对组织内部进行革新的自治力度。因此，在探讨企业从前瞻型环境战略的理论制定到实际采取环保行为的演化过程时，有必要关注冗余资源在其中的作用。

在探讨冗余资源在组织行为中的作用时，虽然部分学者将企业视为由代理人与委托人通过契约建立联系的制度机构，认为冗余资源既放纵了企业管理者的自私行为，促使管理者过于追求个人利益而忽略组织战略制定的大局意识，难以充分识别环境战略的重要性；又阻碍了组织革新，降低了组织创新敏感度。但随着对冗余资源研究的深入，学者更加偏好于从组织理论角度将冗余资源视为企业不断发展与进步的来源，具有调整企业现行战略的能力并能够帮助企业应对内部与外部创新与变革的压力。由于企业前瞻型环境战略的制定并不是管理层冲动下的产物，而是企业在与外界进行资源交换的过程中既依托于企业环境价值观和伦理体系，同时又关注未来市场发展趋势而制定的符合企业愿景的战略。在这种情况下，组织所获得的关于环保的冗余资源，可为具有一定风险性的绿色创新活动提供支持，有利于企业强化环保伦理认知并建立绿色创新环境，促进组织绿色创新实践与变革。一方面，专用性较强的冗余资源如空闲的厂房、设备、人员等，虽嵌于企业固定资产或用途中，但仍具有一定的开发潜力和利用价值，能够通过转化为产品绿色生产、流程清洁优化向企业提供技术、原材料、生产设备等资源支持。孙爱英和苏中锋（2008）、贾晓霞和张瑞（2013）通过研究验证了已被吸收的冗余资源对企业创新的积极影响，认为已被吸收的冗余资源能够增强企业战略向实践的转换效率，为企业实践提供更多技术性和专用性资源，推动企业由一般创新向绿色创新转型，促进企业在既定环境战略下的绿色实践发展。另一方面，未被企业使用的闲置资源，如现金等财务资源，能够较快且较灵活地投入创新实践中，为践行前瞻型环境战略提供后备资源。当企业不断尝试绿色新产品和新技术时，未被吸收的冗余资源能够较快地将闲置资源流入产品和技术绿色研发中，不断提升企业生产效率、缩短产品研发周期、加快技术更迭，促进企业绿色创新实践发展。Chen 和 Huang（2010）通过对 305 家中国台湾企业进行实证研究发现，已被吸收的冗余资源和未被吸收的冗余资源都能在一定程度上加强企业战略实施和创新绩效的关系。无论是已被吸收的冗余资源还是未被吸收的冗余资源，当企业整体冗余资源增多时，企业会有更充裕的人、财、物、力等资源来提升组织成员对其组织的理解与认可，使之形成更强大的力量，从而改变企业原本的运营理念及模式，同时，依照消费者绿色偏好变化研发新产品和新技术，以满足市场最新绿色需要，促进产品及流程绿色创新。Aiken 和 Hage（1971）指出，企业官僚化的管理模式与其刻板的环境保护法规相匹配，而组织结构灵活性的形成离不开企业具有前瞻性的战略计划，从根本上看，这种前瞻型环境战略依赖于资源向创新流入的顺畅程度。企业冗余资源越丰富，越能使企业在制定前瞻型环境战略的基础上投入不同类型的资源，促进环保知识与技能的消化和应用，提升产品和流程的绿色创新，推动企业践行绿色发展进程。反之，当冗余资源较匮乏时，企业经营条件变差，组织内部可用的环保资源减少，信息分析及识别能力也减弱，使组织成员没有足够的资源与信息保持对前瞻型环境战略的认同与实践，从根本上丧失企业绿色创新变革的认知与动力（杨静等，2015）。由此可见，冗余资源数量的多少在一定程度上影响前瞻型环境战略对企业产品及流程绿色创新行为的关系强度。冗余资源的调节作用模型如图 4 – 5 所示。基于以上分析，本章提出假设 H4 – 7。

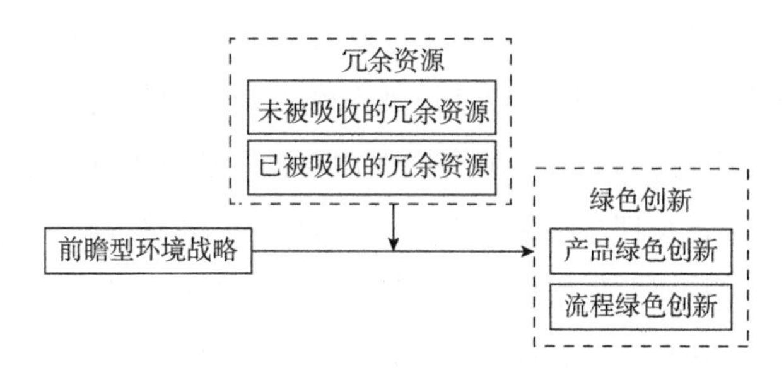

图 4 – 5　冗余资源的调节作用模型

H4 – 7：冗余资源正向调节前瞻型环境战略对绿色创新的影响。

H4 – 7a：未被吸收的冗余资源正向调节前瞻型环境战略对产品绿色创新的影响。

H4 – 7b：未被吸收的冗余资源正向调节前瞻型环境战略对流程绿色创新的影响。

H4－7c：已被吸收的冗余资源正向调节前瞻型环境战略对产品绿色创新的影响。

H4－7d：已被吸收的冗余资源正向调节前瞻型环境战略对流程绿色创新的影响。

四 商业环境动态性对企业环境责任的影响

依据资源依赖理论（RDT），企业是一个开放式系统，企业内部决策与外部环境选择共同影响企业资源的积累，因而企业在开展战略行为时需考虑商业外部环境因素。然而，目前学术界对商业环境动态性与企业发展关系的研究主要有两类不同观点。以 González-Benito 等（2010）为代表的研究从精益管理和商业环境风险性角度出发，认为在高动态环境中，企业由于“认知惯性”难以充分把握市场发展方向，因而在制定决策中具有高风险性；而在低动态环境中，由于可预测性增强，企业可提高履行环境保护的承诺和规定，提高原材料使用效率以减少浪费，有助于企业成本管理和精益生产。而以 O’Connor（2008）为代表的研究将商业环境动态性视为组织创新的重要驱动因素，并认为高动态的商业环境会增强创新与企业发展的关系强度，有助于企业突破传统理念约束，更好地帮助企业不断更新其关于环境保护的承诺以保持企业先进性与创新性，提升企业竞争优势。

随着对商业环境动态性研究的深入，国内外学者越发关注商业环境动态性的积极调节作用（Chan，et al.，2016）。在高商业环境动态性下，企业出于外部技术及市场压力快速更新知识，打破企业僵化的运营理念及模式，依照环境规制需要及消费者偏好变化制定新的环保规章制度，以满足市场最新需要，帮助企业获得持续的竞争优势。Chan 等（2016）探讨了制造业中绿色创新、商业环境动态性与企业绩效之间的关系，发现商业环境动态性正向调节企业环境责任与企业成本效率、利润水平的关系强度。商业环境不确定性越高，企业环境责任对企业绩效的促进效果越强，企业在此环保规定下所生产的产品越重视绿色工艺改良以寻求企业竞争优势。相反，当企业外部商业环境越稳定，企业越会满足于已有市场，那么依据资源依赖理论，其获取创新资源的认知就会受限，导致企业在激烈的绿色市场中面临淘汰风险，难以形成竞争优势。因此，商业环境动态性的强弱在一定程度上影响着企业环境伦理与监理企业竞争优势的关系强度。商业环境动态性的调节作用模型如图 4－6 所示。基于此，本章提出假设 H4－8。

H4－8：商业环境动态性正向调节企业环境伦理对企业竞争优势的影响。

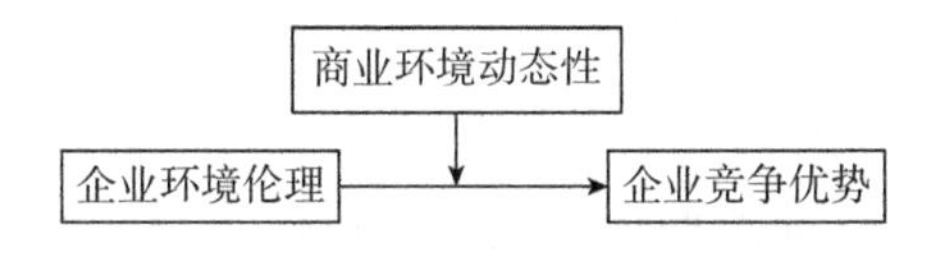

图 4－6　商业环境动态性的调节作用模型

第四节　被调节的中介作用

创新与可持续发展是环境管理的核心和目标（Boons，et al.，2013）。针对环境管理相关研究，学者不仅关注调节变量对理论模型的边界效应，而且关注调节作用与中介作用的整合影响。根据 Edward 和 Lambert（2007）提出的被调节的中介模型，探索利益相关者压力和冗余资源对前瞻型环境战略和绿色创新中介作用的权变因素。

（一）利益相关者的调节中介效应

本章在“资源—行为—优势”范式的基础上，构建“伦理资源—战略制定—企业行为—优势产出”模型，提出前瞻型环境战略的制定在企业环境伦理和企业实现竞争优势间起中介作用，即企业环境伦理通过前瞻型环境战略的制定使企业实现竞争优势，同时利益相关者压力调节了企业环境伦理对前瞻型环境战略影响的关系强度。根据Edward和Lambert（2007）提出的被调节的中介效应模型，利益相关者压力调节了前瞻型环境战略在企业环境伦理与企业实现竞争优势间的中介作用。且利益相关者对企业施加压力越大，企业环境伦理通过前瞻型环境战略的制定对企业竞争优势的间接作用就越大，“环境伦理资源—前瞻型环境战略制定—竞争优势产出”的连锁效应越强。相反，当利益相关者对企业施加压力降低，使企业制定前瞻型环境战略的动力减小，企业环境伦理对实现竞争优势的间接影响作用也随之降低。基于以上分析，本章提出假设H4－9。

H4－9：利益相关者压力调节了前瞻型环境战略在企业环境伦理和企业竞争优势间的中介作用。

（二）冗余资源的调节中介效应

依据前述分析，前瞻型环境战略通过促进企业形成产品与流程的绿色创新实践，使企业实现竞争优势，冗余资源在前瞻型环境战略与绿色创新关系间起调节作用。根据Edward和Lambert（2007）提出的被调节的中介效应模型，冗余资源调节了绿色创新在企业前瞻型环境战略与企业竞争优势间的中介作用。冗余资源数目越多，越能使企业将资源投入在前瞻型环境战略的制定中以产生更多的绿色创新实践，继而提升企业竞争优势，使绿色创新在前瞻型环境战略与企业竞争优势间的中介作用增强。基于以上分析，本章提出假设H4－10。

H4－10：冗余资源调节了绿色创新在前瞻型环境战略和企业竞争优势间的中介作用。

H4－10a：未被吸收的冗余资源调节了产品绿色创新在前瞻型环境战略和企业竞争优势间的中介作用。

H4－10b：未被吸收的冗余资源调节了流程绿色创新在前瞻型环境战略和企业竞争优势间的中介作用。

H4－10c：已被吸收的冗余资源调节了产品绿色创新在前瞻型环境战略和企业竞争优势间的中介作用。

H4－10d：已被吸收的冗余资源调节了流程绿色创新在前瞻型环境战略和企业竞争优势间的中介作用。

第五节　本章小结

综上所述，本章对企业环境伦理、前瞻型环境战略、绿色创新、企业竞争优势进行了深入探索与分析，依照文献综述与变量间的关系确定了本章的理论框架，明确了自变量企业环境伦理、中介变量前瞻型环境战略与绿色创新、结果变量企业竞争优势，调节变量利益相关者压力、商业环境动态性和冗余资源，由此，本章共得出10个假设。

1. 关于企业环境伦理与企业竞争优势

H4－1：企业环境伦理正向影响企业竞争优势。

2. 关于前瞻型环境战略的中介作用

H4－2：前瞻型环境战略在企业环境伦理和竞争优势之间具有中介作用。

3. 关于绿色创新的中介作用

H4－3：绿色创新在企业环境伦理与企业竞争优势之间起中介作用。

H4－3a：产品绿色创新在企业环境伦理与企业竞争优势之间起中介作用。

H4－3b：流程绿色创新在企业环境伦理与企业竞争优势之间起中介作用。

4. 链式中介作用

H4－4：前瞻型环境战略和绿色创新在企业环境伦理和企业竞争优势间具有链式中介作用。

H4－4a：前瞻型环境战略和产品绿色创新在企业环境伦理和企业竞争优势间具有链式中介作用。

H4－4b：前瞻型环境战略和流程绿色创新在企业环境伦理和企业

竞争优势间具有链式中介作用。

5. 关于利益相关者压力的调节作用

H4－5：利益相关者压力正向调节企业环境伦理对企业竞争优势的影响。

H4－6：利益相关者压力正向调节企业环境伦理对前瞻型环境战略的影响。

6. 关于冗余资源的调节作用

H4－7：冗余资源正向调节前瞻型环境战略对绿色创新的影响。

H4－7a：未被吸收的冗余资源正向调节前瞻型环境战略对产品绿色创新的影响。

H4－7b：未被吸收的冗余资源正向调节前瞻型环境战略对流程绿色创新的影响。

H4－7c：已被吸收的冗余资源正向调节前瞻型环境战略对产品绿色创新的影响。

H4－7d：已被吸收的冗余资源正向调节前瞻型环境战略对流程绿色创新的影响。

7. 关于商业环境动态性的调节作用

H4－8：商业环境动态性正向调节企业环境伦理对企业竞争优势的影响。

8. 被调节的中介效应

H4－9：利益相关者压力调节了前瞻型环境战略在企业环境伦理和企业竞争优势间的中介作用。

H4－10：冗余资源调节了绿色创新在前瞻型环境战略和企业竞争优势间的中介作用。

H4－10a：未被吸收的冗余资源调节了产品绿色创新在前瞻型环境战略和企业竞争优势间的中介作用。

H4－10b：未被吸收的冗余资源调节了流程绿色创新在前瞻型环境战略和企业竞争优势间的中介作用。

H4－10c：已被吸收的冗余资源调节了产品绿色创新在前瞻型环境战略和企业竞争优势间的中介作用。

H4－10d：已被吸收的冗余资源调节了流程绿色创新在前瞻型环境战略和企业竞争优势间的中介作用。

第五章　企业环境责任对企业可持续发展的 Meta 分析

由于目前学术界就企业环境责任对企业可持续发展的影响争论不休，在实证分析企业环境责任对企业可持续发展的影响前，本章基于以往研究结果，采用 Meta 分析法，初步验证了企业环境责任对企业发展的影响。

新古典主义经济学理论认为企业积极承担环境责任并在经营中加入绿色元素会提高生产成本，进而降低生产效率与市场竞争力。相反，动态能力理论、自然资源基础观和利益相关者理论则认为企业积极承担环境责任有助于财务绩效的提高。无论是新古典经济学理论还是“波特假说”，二者均具有较深的理论基础，但是，对于企业目前发展趋势而言，积极履行环境责任、实施绿色创新究竟对企业发展影响如何，二者关系能否相互转化尚无定论。究其原因，一是企业发展趋势、消费者需求与理论提出的时代背景不同，目前消费理念更倾向于可持续化；二是以往的研究仅以某一个行业为研究对象，缺乏普适性；三是以往的研究忽略了重要变量的调节作用。

基于对以往研究的分析，本章采用 Meta 分析法，另外，由于大多学者认为最终企业可持续发展成功与否反映在财务绩效上，本章运用企业财务绩效变量对可持续发展进行测量，对环境责任的承担是否需开展绿色创新相关战略进行测量，以 2002—2020 年的 50 个绿色创新与财务绩效关系的研究结果为分析对象，更深入地探究二者之间的关系及造成不同研究结果的成因。这不仅丰富了绿色管理与企业财务绩效之间关系的理论基础，也可以帮助企业管理者正确认识绿色创新在企业实践中的作用，为企业开展环境实践提供借鉴。

第一节　理论分析与假设检验

一　绿色创新与企业财务绩效关系

（一）绿色创新对企业财务绩效的影响

尽管目前对于二者关系的研究存在诸多分歧，但近期大多数学者认为，实施绿色创新的企业可通过发展清洁工艺和开发环境友好型产品提升企业财务绩效。一方面，企业可通过改良已有技术、开发绿色工艺提升企业整体生产率。另一方面，对于产品绿色创新而言，其目的并不是对环境零污染，而是强调加入绿色创新元素的产品能够最大限度地缓解企业发展与环境保护的矛盾，有助于企业节约能源，减少废物排放，实现可持续化发展。战略选择理论认为企业差异化产品驱动企业绩效。企业通过发展与其他竞争者存在差异的绿色产品，不仅迎合了消费者绿色消费理念，也获得了进驻新市场的先驱优势，进而提高了企业经济收益。综上所述，实施绿色创新的企业，通过将环保概念融入企业生产力的改进过程中，在工艺改良和产品功能方面予以绿色创新体现，使企业将其环境责任与核心业务进行有机整合，在获得绿色竞争优势的同时提高了财务绩效。鉴于此，本章提出假设 H5 - 1。

H5 - 1：绿色创新正向影响企业财务绩效。

（二）企业财务绩效对绿色创新的影响

目前学术界对于绿色创新的研究多集中在探讨其战略行为能否真正转化为企业经济效益方面，而忽略了这一过程的可逆性。依据冗余资源理论，在给定组织水平的基础上，超出必须投入所形成的资源存积，可在企业实施环境战略时起到缓冲作用（Sharma，2000）。已有实证研究也证实了这一点，如 Seifert 等（2004）发现，财务绩效与资源冗余之间存在正向关系，即高财务绩效的企业更易产生资源冗余。自然资源基础观指出，企业是各种资源的结合体，因而实施的绿色创新也需依靠组织资源与能力，而冗余资源恰能够为实施绿色创新提供可支配的财务资源。具体来说，财务冗余资源可为企业承担购买绿色创新技术的资金投入以及实施绿色创新的高额成本。因此，出色的财务绩效可为企业提供更多的可用资源，以便企业实施更主动的环境战略，即积极进行绿色创新以满足未来环境规章和市场绿色需要（Bowen 等，2010）。鉴于此，本章提出假设 H5－2。

H5－2：企业财务绩效正向影响绿色创新。

（三）绿色创新与企业财务绩效存在双向作用

参照以上关于绿色创新与企业财务绩效具有双向正因果关系的论证，可以认为绿色创新与企业财务绩效可以相互转化且二者能够形成双向因果的良性循环系统。实施绿色创新的企业不仅能够对产品与工艺进行不断革新以降低组织行为给环境带来的负荷，而且强调对自然环境的正外部性采取如在生产阶段减少有毒物质的使用、研发可生物降解的材料等方式以提高财务收益。反过来，企业获得的财务资源可用于再投资，即进一步完善并实施企业绿色创新，以期实现企业长期的市场优势。鉴于此，本章提出假设 H5－3。

H5－3：绿色创新与企业财务绩效具有双向关系。

二 潜在调节效应

目前学者对于绿色创新与企业财务绩效的关系研究所得出的结论不一致，一定原因是受样本空间所限，使其无法系统且全面地挖掘潜在调节变量在二者间的作用。本章借助 Meta 分析法的特点，扩大样本空间并更进一步地讨论相关变量的调节作用。Meta 分析法中存在两类调节变量：测量因素和情境因素。测量因素主要涉及变量的量表条目、绩效类型等与测量问题相关的因素；情境因素则涉及外部环境的因素，如商业环境动态性、取样地区等。

（一）测量因素的调节作用

1. 绿色创新的测量方式

目前学者对于绿色创新的维度划分不统一，导致其测量难度加大。Hart（1995）认为，企业环境管理是企业为减少在生产运营过程中对生态环境的负面影响而开展的环境保护措施，包括企业遵守法律法规而实施基本应对行为和主动采取环境行为的全部战略内容。实际上，不同企业面对环境问题时的态度并不一致，战略选择理论指出，企业最终采取的战略是依据组织和管理模式等制定的。依照绿色创新的战略姿态（即企业采取主动积极的防治措施或者被动响应），将绿色创新分为主动式绿色创新和被动式绿色创新。主动式绿色创新是强调组织采取主动的方式防治污染，不断强化创新在组织中的作用以改善企业目前的经营与管理方式，降低运营成本并构建生态响应型社会，使企业在推行环境战略的基础上提升财务绩效。而被动式绿色创新则强调创新末端治理技术以使企业达到环境规章的最低标准，从而以免于违规风险。虽然已有研究显示被动式绿色创新也可促进财务绩效的增长，但由于被动式绿色创新将企业社会责任视为一种额外负担而并未从源头改变管理模式，可能阻碍企业实现长期可持续发展。鉴于此，本章提出假设 H5－4。

H5－4：绿色创新的不同测量方式对绿色创新与财务绩效的关系有影响；与被动式绿色创新相比，主动式绿色创新与财务绩效的关系更显著。

（二）企业财务绩效的测量类型

学术界目前没有规范企业财务绩效的测量类型标准，目前研究对企业绩效的测量有主观测量与客观测量，而不同的测量方式对研究结果易产生不同影响。主观测量通常用于难以获取财务数据时，诸多学者如Chi和Gursoy（2009）、Ryszko（2016）均通过问卷题项方式对企业财务绩效进行主观上的反馈，验证环境战略及环境行为与企业财务绩效的正向关系。但由于主观测量多依据被调查者的选择记忆，使测量结果并不能保证完全准确。相反，客观测量方式则依据企业公布的财务数据，如投资回报率、市场份额、利润等指标对企业整体财务水平进行测量，通过实际数据考量其与企业环保行为的关系，结果更可靠。鉴于此，本章提出假设H5-5。

H5-5：财务绩效的不同测量类型对绿色创新与财务绩效的关系有影响；与主观测量相比，客观测量下的财务绩效与绿色创新的关系更显著。

三　情境因素的调节作用

（一）商业环境动态性

资源依赖理论认为，企业资源的积累是由企业内部决策与外部环境选择二者共同影响的，因而企业需将外部商业环境因素纳入企业战略活动中。O'Connor（2008）等认为，商业环境动态性是组织创新的源泉，而高动态性的商业环境会强化组织创新与组织绩效的关系强度，即有助于企业突破发展“瓶颈”，形成长期竞争优势。在此基础上，张骁和胡丽娜（2013）进一步验证发现，相较于稳定的商业环境，处于高动态性商业环境中的企业会为避免财务收益被商业风险稀释而大胆采取创新战略，积极针对研发技术和市场需求的快速更迭不断更新知识，改变企业“认知惯性”，依照最新技术及消费者偏好变化进行产品与流程双重创新，从而在规避财务风险的同时获得进驻新市场的先驱优势，提升其财务绩效水平。在此基础上，Chan等（2016）进一步验证了商业环境动态性对环境战略与企业绩效的影响，发现商业环境动态性能够正向调节绿色创新与企业成本效率及利润的关系强度，即商业环境不确定程度越高，绿色创新对企业绩效的促进效果越强。同时，在面对商业环境的不断变化时，相较于经济状况一般的企业，经济资源较丰富的企业往往会具有更强的能力和意愿实施绿色创新行为，积极探索和研发最新清洁工艺和环保产品以提升经济收益，从而促进企业长远发展。鉴于此，本章提出假设H5－6。

H5－6：商业环境对绿色创新与财务绩效的关系有影响；与低动态性商业环境相比，高动态性商业环境下绿色创新与财务绩效的关系更显著。

（二）取样地区

不同地区的企业实施环境行为的效果存在差异。Manrique和Marti-Ballester（2017）通过对比发达地区和发展中地区发现，不同地区的企业绿色实践与财务绩效关系的强度不同。在较发达地区，二者联系更为紧密。原因在于两个地区所受的制度压力和社会压力不同。首先，从制度压力层面出发，发展中地区对企业的环境监管认知不足，未能制定有效、严格的环境规章和处罚措施，如罚款或吊销营业执照等，以降低污染排放量并促进企业识别环境管理的绿色要义；而发达地区则建立了全面的环境监控体系并颁布严格的环境管理法律法规，监督并鼓励企业实施绿色化经营战略，如利用绿色资源与能力改良生产方式与流程，降低污染排放、节约成本等，在树立绿色形象与口碑的同时，也促进了财务绩效的提升。其次，不同地区面对的社会压力不同。Cui等（2015）提出，地区的经济发展水平决定了外部利益相关者，如消费者、行业协会等采用非强制性机制的力度。具体来说，在发展中地区，消费者购买行为主要受价格驱动，即尽量避免购买价格昂贵的环保产品，因而对于发展中地区而言，其外部利益相关者对企业环保行为诉求低，企业难以实施主动的绿色创新并以可持续发展方式保护生态环境；而由于发达地区消费者的收入水平与教育水平不断提高以及社区环保组织、消费者协会等第三方环保组织的兴起，发达地区企业所受社会压力较大，这种规范压力促使企业强化环境价值观并积极实施绿色创新以迎合市场绿色需求，提升竞争力与经济收益。鉴于此，本章提出假设 H5－7。

H5－7：不同的取样地区对绿色创新与财务绩效的关系有影响；与发展中地区相比，发达地区的财务绩效与绿色创新的关系更显著。

综上所述，本章理论模型如图 5－1 所示。

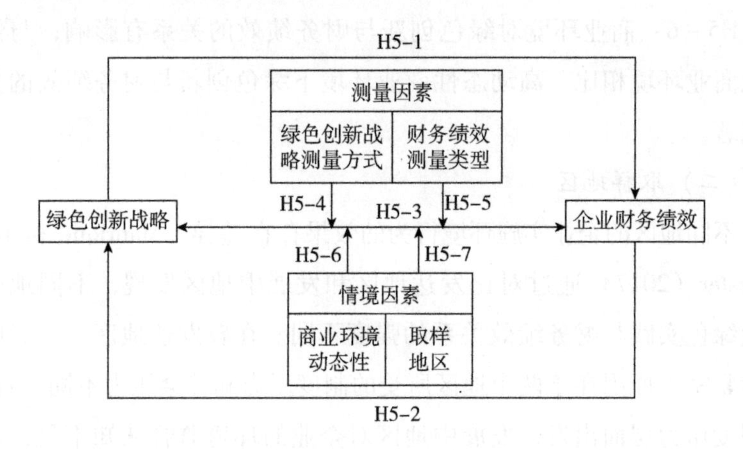

图 5－1　理论模型

第二节　研究设计

Meta 分析法，也被称为元分析法，主要是对大量研究对象相同，但其结果不同的实证研究进行统计和归纳的一种定量分析方法，可最大限度地降低抽样误差与测量误差，克服单个研究的统计缺陷。此外，Meta 分析法不仅能够分析变量间的相关性，也能够将影响变量间关系的测量因素和情境因素纳入模型中实现多角度探究与分析。目前在管理领域中，Meta 分析法应用十分广泛，如姚山季等（2009）通过 Meta 分析法探究产品创新与企业绩效的关系；Liu 等（2015）采用 Meta 分析法验证前瞻型环境战略对社会绩效的影响。本章采用 Meta 分析法有以下两个原因：一是以往关于绿色创新与企业财务绩效的实证研究数目多，因而满足进行 Meta 分析的基本要求；二是 Meta 分析能够整合绿色创新与企业财务绩效关系的定量研究，增大样本量并通过测量因素和情境因素的调节作用改进检验结果，从而得出更客观的结论。

一　研究样本与筛选

首先，本章以“绿色创新”（Green Innovation）、“生态创新”（Eco-Innovation）”、“环境创新”（Environmental Innovation）、“绿色技术创新”（Techical Eco-innovation）、“产品绿色创新”（Green Product Innovation）、“企业绩效”（Corporate Performance）、“财务绩效”（Financial Performance）为关键词，以 2005—2018 年为搜索时间跨度，对 Elsevier、EBSCO、Springer-link、Wiley、Emerald、中国知网、维普、万方等数据库以及 IEEE 等重要会议论文数据库进行检索，以确保搜集数据的全面性。此外，为了避免遗漏重要文献，研究团队人工检索了国内外管理学权威期刊和相关领域的专业书籍。通过这种搜索方法，最终获取 65 篇初始文献。

获取初始文献后，研究团队对文献进行筛选，其筛选原则有以下三点：一是文献须是探讨绿色创新与企业财务绩效关系的实证研究；二是文献须提供样本量和完整的相关系数；三是剔除表达意思不明确、变量验证存在漏洞的文献。最后得到有效文献 50 篇。

二　文献编码与数据处理

在得到有效文献后，研究团队挑选两名研究人员对文献进行编码并对原始数据进行核对，以确保所得数据的准确性和独立性。编码后，本章采用 Stata 14.0 软件对数据进行 Meta 分析处理。首先，获得能够验证变量间关系的统计量，如路径系数、回归系数等；其次，将所获文献中的 r 值、t 值、F 值等单个统计量转化为相关系数 r；最后，将 r 值进行费雪效应转换并求出最终效应值 Fisher'z。

第三节 数据分析

一 主效应检验

由于 Meta 分析法中只有同质的数据才可合并，因而在分析前本章先对 50 个有效样本进行异质性检验，以探究不同独立样本的差异程度。通常异质性检验有两种判别方法：Q 值验证和 I^2 验证。对于 Q 值验证，当 Q≤K－1 时，固定模型或随机效应模型均适用；而当 Q＞K－1 时，研究只可采用随机效应模型，其中 K 代表效应值。而对于 I^2 验证而言，当 I^2≥75% 时，说明效应值真实差异构成了大于 75% 的观察差异，即研究存在异质性，应采用随机效应模型；反之，当 I^2≤75% 时，说明研究不存在异质性，则应采用固定模型。例如，Q 值为 430.501，大于 50；同时，I^2 值为 88.412%，大于 50%，说明样本存在异质性，应采用固定模型，具体如表 5－1 所示。

表 5－1 整体异质性检验

模型	综合效应值	效应值	95% *CI*		Z 值	异质性检验		
			下限	上限		Q 值	I^2 值	*p*
固定模型	0.316	50	0.306	0.326	45.274	430.501	88.412%	0
随机效应模型	0.324		0.311	0.337	27.231			

基于表 5－1 整体异质性检验结果，本章采用随机效应模型，整体效应值为 0.324，且统计结果具有显著性，说明绿色创新与企业财务绩效间具有正向关系，且相关系数为 0.324。表 5－2 结果显示，绿色创新（GI）与企业财务绩效（CFP）显著正相关（综合效应值为

0.339，$p<0.001$）且通过异质性检验（$Z=43.526$，$p<0.001$）；企业财务绩效（CFP）与绿色创新（GI）显著正相关（综合效应值为 0.264，$p<0.001$）且通过异质性检验（$Z=29.477$，$p<0.001$）。至此，假设 H5－1、假设 H5－2 均得到支持。由此可见，绿色创新可与企业财务绩效具有双向关系且互为因果，因而假设 H5－3 得到验证。

表 5－2　　主效应分析

关系	综合效应值	效应值数	总样本数	95% *CI*		Z 值	异质性检验	
				下限	上限		Q 值	I^2 值
GI-CFP	0.339***	26	6 732	0.324	0.354	43.526***	410.041	90.531
CFP-GI	0.264***	8	4 276	0.206	0.322	29.477***	463.012	89.130

注：*** 表示在 1% 的显著性水平下显著。

二　调节效应检验

本章对各文献进行 0－1 形式的归类编码，通过 Meta 分析法，对测量因素及情境因素对绿色创新与企业财务绩效的影响进行调节效应分析。检验结果如表 5－3 所示。

表 5－3　　调节效应检验结果

调节变量	综合效应值	效应值数	95% *CI*		Z 值	异质性检验		
			下限	上限		dF	I^2 值	Q 值
H4：GI 测量								8.104**
被动式 GI	5	0.224	0.207	0.241	13.213	4	62.647%	32.618
主动式 GI	12	0.415	0.348	0.482	8.195	11	68.640%	26.952
H5：CFP 测量								5.047**
主观测量	21	0.310	0.247	0.373	11.030	20	82.074%	100.371
客观测量	30	0.399	0.356	0.442	15.016	29	79.109%	81.291

续表

调节变量	综合效应值	效应值数	95% *CI*		Z 值	异质性检验		
			下限	上限		dF	I^2 值	Q 值
H6：商业环境								5.227 **
低动态性	19	0.321	0.284	0.359	7.011	18	64.270%	71.233
高动态性	26	0.410	0.339	0.481	15.186	25	80.160%	121.729
H7：取样地区								6.329 **
发展中地区	29	0.277	0.185	0.369	4.813	28	82.358%	34.025
发达地区	22	0.365	0.312	0.401	9.523	21	85.011%	143.173

注：** 表示在5%的显著性水平下显著。

由表5－3可知，主动式绿色创新的综合效应值（0.415）高于被动式绿色创新的综合效应值（0.224），且异质性显著（$Q=8.104$，$p<0.05$），假设H5－4得以验证；客观测量企业财务绩效方式的综合效应值（0.399）高于企业财务绩效的主观测量方式的综合效应值（0.310），且异质性显著（$Q=5.047$，$p<0.05$），假设H5－5得以验证；高动态性商业环境的综合效应值（0.410）高于低动态性商业环境的综合效应值（0.321），且异质性显著（$Q=5.227$，$p<0.05$），假设H5－6得以验证；发达地区的综合效应值（0.365）高于发展中地区的综合效应值（0.277），且异质性显著（$Q=6.329$，$p<0.05$），假设H5－7得以验证。

第四节 研究结果

本章对2000—2018年50项国内外关于绿色创新与企业财务绩效的研究结果进行挖掘，多角度考虑影响二者关系的测量因素与情境因素并运用Meta分析法进行定量集成分析，获得以下结论。

第一，从整体效应来看，绿色创新与企业财务绩效间存在互为因果的双向作用机制，且当企业财务绩效作为因变量时二者具有更高相关性（0.339）。这说明企业实施主动环境战略并积极承担企业环境责任与追求经济盈利最大化的企业目标不仅不冲突，而且二者相辅相成。这一结果印证了“波特假说”的观点，当企业实施绿色创新时，将通过主动研发清洁技术和积极学习绿色管理理念，不断改良产品设计、生产流程和企业管理方法等使企业运营更加生态化与可持续化，有助于获得“环境溢价”带来的经济收益。同时，研究结果也支持了冗余资源理论观点，财务绩效状况较好的企业可拥有更多的冗余资源用于创新研发和清洁生产过程中，有助于企业不断提高绿色创新能力，使之形成绿色创新—经济收益的良性循环。

第二，从测量因素的调节效应来看，主动式绿色创新和企业财务绩效的客观测量对二者关系的影响更密切。这表明与一味对废料进行末端处理以防止企业受到环境法律法规惩戒的被动式环境战略相比，积极主动引入并学习绿色技术、绿色生产等以预防和过程控制为主的方式最大限度地减少污染排放更有助于促进企业财务绩效的提升，同时帮助企业获得更持久的绿色竞争优势。此外，本章也证实了在选择财务绩效的测量方式时，客观测量要优于主观测量。由于主观测量中的人为因素易使企业在绩效评估中存在不同的权衡标准，虽然也可测量绿色创新与企业财务绩效的关系，但测量结果难以做到绝对的公正。

第三，从情境因素的调节效应来看，商业环境动态性与取样地区均对绿色创新与企业财务绩效的关系产生显著影响。其中，处于高动态性商业环境的企业会在动荡环境的压力下舍弃原有以环境换经济的发展模式，积极寻求新的绿色发展机遇，推动企业实施绿色创新，提高企业环境责任意识和行为。这也证实了 O’Connor 的观点，虽然商业环境的不确定性会增加企业进行交易的难度，但这种不确定性迫使企业进行革新以突破发展“瓶颈”。同时，在面对动荡的外部商业环境时，财务状况好的企业具有更强的能力改变企业目前的发展模式，积极采取调研方式获取消费者最新绿色化需求和反馈信息，重新建立与消费者的紧密联系以提升企业在同行业中的竞争力。

此外，相较于发展中地区，发达地区中绿色创新与企业财务绩效的关系强度作用更加明显。发展中地区更多关注的是经济发展速度的问题，企业对环境战略的认知仍停留在起步阶段，且缺乏严格完善的管理制约机制，因而部分发展中地区企业对绿色产品或技术的投资增加了生产成本，且“环境溢价”效果不明显；而发达地区的企业则面对更大的社会压力和制度压力，在双重压力下企业不得不持续投资研发新的环保产品和技术以维持与其利益相关者的良好关系，树立良好的企业环境责任形象以提升经济效益并建立长期绿色竞争优势。值得警醒的是，限于发展中地区的社会情况和政策环境，发展中地区企业虽然仍可通过“粗放式”增长方式为企业带来短期盈利，但这种“饮鸩止渴”的发展模式绝非长久之路。从长期发展来看，企业应结合自身特点，主动实施绿色创新和优化创新资源配置，以实现绿色产品创新与绿色技术创新的协同发展，赢得绿色先驱优势。

第六章　企业环境责任对企业可持续发展影响的实证研究

通过前文对各变量的文献综述，笔者发现了以往研究的局限性并确定了本章的研究方向并在对文献综述和理论推导进行整合与思考的基础上构建了本章的研究框架和研究假设。本章将定量与定性方法相结合，通过问卷调查方式收集数据。本章将对问卷的科学设计、变量测量、数据收集、数据分析方法过程进行详细阐述。

第一节　研究设计

一　问卷调研方法

问卷调研是管理学研究中较为普遍的研究方法，主要分为两种类别，一是自填式问卷调查，二是代填式问卷调查。自填式问卷调查是通过网络填写、邮寄、报刊等方式对受访者进行调研，代填式问卷调查是通过实地访问、电话问卷等方式对受访者进行调研。不同的调研方式取决于调研者自身经费、时间、范围等情况。调查问卷主要由调研说明、问题、回答方式和其他资料组成，要求表达客观且准确，能够使被调查对象充分理解调研内容和调研目的。

本书采用问卷调研的方式，主要是由于其具有以下优点：首先，问卷调研的方式更高效且成本较低。由于问卷调研方式多是通过网络调研工具，如问卷星、电子邮箱等形式发放问卷，节省了调研时间并节省纸张、人力等成本，缩短整个问卷调研时间，提高研究效率；其次，保证数据有效性。由于问卷调研多是匿名填写，被调查者能够真实表达自己的想法，描述真实情况，减少外界因素的干扰。问卷问题设计的可理解性和严谨性也提高了被调查者对问题的真实反馈程度，有助于提高数据的信度与效度，便于后续数据分析并得出可靠结论；再次，能够对变量进行及时量化，使调研者能够将伦理价值观、战略感知等通过数据反馈出来，便于进行后续数据分析并得出结果。

此外，本书采用问卷调研的方法也是基于以下几点考虑：第一，本章探讨企业环境伦理对企业竞争优势的影响，涉及企业环境伦理、利益相关者压力等变量，这些变量具有较强的主观性，无法通过相关财务报表数据进行客观测量；第二，本章探讨企业如何通过构建环境伦理实现企业竞争优势，涉及利益相关者压力和冗余资源因素的影响，整个框架较复杂且环境战略、企业绿色创新行为对不同企业具有不同特点，即具有企业独特性，难以通过简单财务数据衡量；第三，本章着眼于中国企业环境发展情况，但由于我国环保法规和制度还在发展中尚未完善，只有少数大型企业如华为、蒙牛等每年发布企业可持续发展报告并公布环保数据，因此，相关数据获得较为有限，难以具有普遍性；第四，我国数据库开发还在发展阶段，尚未有专门发布企业环境责任行为的数据库，因此，相关研究较难应用二手数据。基于以上因素的考量，本书采用问卷调研方式对数据进行收集。

二 问卷调研方法

调研问卷主要由三个部分构成：一是卷首语，即在问卷开始前对调研目的、意义、注意事项予以说明。由于问卷内容涉及企业环境战略及企业实践内容，问卷开始前要告知被调查者此次问卷仅用于学术研究并采用匿名填写方式保护被调查者的权益；二是被调研企业与个人的基本情况，如企业所处行业、性质、规模、地区等及被调查者个人学历、年龄、性别等；三是对本书研究框架中的所有变量进行测量，包括企业环境伦理、前瞻型环境战略、绿色创新、企业竞争优势、利益相关者压力、商业环境动态性和冗余资源七个变量。其中，企业环境伦理是将环保意识融入企业价值观、组织战略以及生产经营全过程并使之形成一种组织环境文化；前瞻型环境战略是关于企业超越环保法规的自愿性的环境保护战略；绿色创新强调企业在产品及流程中的创新表现；企业竞争优势体现了企业超越其他竞争对手在市场中的表现；利益相关者压力反映了企业面对的来自政府、消费者、供应商、环保组织、媒体等的压力；冗余资源体现了资源的闲置情况，包括已被吸收的冗余和未被吸收的冗余两个维度；商业环境动态性体现了周遭环境对企业战略的扰乱。

由于问卷的设计直接影响所收集的数据能否贴合研究需要，且问卷中题项指标的选择与设计决定了被调查者能否理解并真实反映企业情况，因而问卷的设计也是获得可靠且有效数据的前提。本书主要采取四个步骤设计问卷：一是对相关变量进行文献分析并开展实地调研；二是深入企业进行访谈，就问卷中的问题设计与企业管理者进行沟通与分析；三是征求管理学领域中专家的意见；四是进行预调研并在此基础上完善问卷。

首先，本书查阅与分析现有关于企业环境伦理、前瞻型环境战略、绿色创新、企业竞争优势、利益相关者压力、商业环境动态性和冗余资源相关文献，并对文献中的测量方式和量表内容进行提取、归纳与总结。在搜集涉及本书变量的测量题项后，选择经过多次实证检验并有较高信度和效度的来自国内外已成熟的量表。其中，本书采用的国外研究的量表题项较多，因而需要将英文转换为中文，以便进行问卷收集工作。针对这个问题，本书采用双向回译的方法翻译问卷以保证内容的完整性。在完成翻译工作的基础上，根据变量内涵、理论基础及适用情境，采用最匹配的量表。

其次，本书主要采用国外成熟量表，虽然已在一定程度上保证了数据的可信度和有效性，但由于中外国家具有文化、语言、背景、时间等差异，还应在听取国内专家学者和企业管理者的意见后再将其应用于国内研究中。同时，由于我国关于环境管理的研究还处于起步阶段，多以理论和定性研究为主，实证研究较为缺乏。因此，在问卷生成前，笔者选取部分企业进行深入访谈，了解企业在环境伦理建设、环境战略制定以及环保实践过程中的规范制度和实施情况，听取管理者的建议使问卷设计更符合国内企业的实际情况。

再次，在题项选择、企业咨询的基础上，笔者将整理好的问卷题项再次与管理学领域的导师进行探讨，并且借2018年国际管理学年会的契机向战略管理及环境管理领域的专家请教关于题项修正方面的问题，在诸多专家的帮助下，笔者又将题项中出现的逻辑错误和语义模糊问题予以校正和调整，以使量表更适应数据的收集。

最后，在进行广泛数据调研之前，需要对问卷进行预调研，以初步检验数据的适用性与合理性。针对预调查回收的有效问卷，笔者展开统计分析，同时，根据信度与效度的分析结果对个别题项进行删除和修正并对题项中的语义表达进行再次修订，形成了本书的调研问卷（见附录）。

第二节　变量设计与测量

基于上述理论基础、文献综述、研究框架和理论假设，本章对涉及的六个变量进行量表设计与测量，其中，被解释变量为企业竞争优势（*CCA*），解释变量为企业环境伦理（*CEE*），中介变量为前瞻型环境战略（*PES*）和绿色创新（*GI*），调节变量为利益相关者压力（*SP*）、冗余资源（*SR*）和商业环境动态性（*BDE*）。控制变量为企业规模和企业所有权性质。由于受研究变量特殊性和二手数据不可获得性限制，本章采用问卷调研方式进行数据收集，以保证数据的信度与效度。本章所有量表均来自国内外已有文献，且采用的量表均是成熟量表，并且依照中国情境和研究目的进行适当修正。另外，所有量表均采用 Likert 7 级量表对企业实际情况进行评价，以确保被调查者评价结果的精准度。被调查者按照企业实际情况进行填写，其中，在回答量表问题过程中，“1”代表“完全不同意/完全不符合”，“7”代表“完全同意/完全符合”。

一　被解释变量

本章被解释变量为企业竞争优势。学术界关于企业竞争优势的研究起源较早且结果较为丰富，但对于测量维度和题项仍未达成统一共识。企业竞争优势是企业通过开发、整合资源与能力，进而实现企业在财务指标与市场价值创造方面相较于其他竞争者更为领先的水平与态势。因而在测量方面，本章根据 Barney（1991）、Mathur 等（2007）等量表，结合中国情境，从财务和非财务两种角度切入测量，同时在量表题项中加入“在过去三年中”的时间限制以降低企业竞争优势的延时性影响，最终形成 8 个题项，具体如表 6－1 所示。

表 6－1　　企业竞争优势量表

变量名称	量表题项及编号	文献来源
企业竞争优势（*CCA*）	财务方面： 过去三年中，与竞争对手相比，企业具有较高的销售收入增长率（*CCA1*） 过去三年中，与竞争对手相比，企业保持较高的利润增长率（*CCA2*） 过去三年中，与竞争对手相比，企业具有较高的市场占有率（*CCA3*） 非财务方面： 过去三年中，企业竞争优势难以被竞争对手取代（*CCA4*） 过去三年中，与竞争对手相比，企业研发能力更强（*CCA5*）	Barney（1991）、Mathur 等（2007）

续表

变量名称	量表题项及编号	文献来源
企业竞争优势（*CCA*）	过去三年中，与竞争对手相比，企业管理能力更强（*CCA6*） 过去三年中，与竞争对手相比，企业树立的企业形象更优（*CCA7*） 过去三年中，与竞争对手相比，企业所提供产品或服务的质量更优（*CCA8*）	Barney（1991）、Mathur 等（2007）

资料来源：笔者依据资料整理。

二　解释变量

本章的解释变量为企业环境伦理。目前国内外学者对企业环境伦理的定性研究较多，实证研究较为缺乏。企业环境伦理是将环保意识融入企业价值观、组织战略以及生产经营全过程而形成的一种组织环境文化，使企业将环保相关问题中的价值观和伦理行为规范化。结合上文对企业环境伦理文献的综述，学术界主要依据 Henriques 和 Sadorsky（1999）、Weaver 等（1999）、Ahmed 等（1998）、Chang（2011）等的研究对企业环境伦理进行测量。本章也主要依据上述研究设计的量表并参照中国实际情境进行适当修正，从企业环境政策、环境采购、伦理沟通与培训、企业环境安全伦理、企业伦理计划与市场活动的整合、企业伦理计划与组织环境文化的整合 6 个方面对企业环境伦理进行测量，具体题项如表 6－2 所示。

表 6－2　　企业环境伦理量表

变量名称	量表题项及编号	文献来源
企业环境伦理（*CEE*）	企业拥有明确且具体的环保政策（*CEE1*） 企业具有明确的环境规章制度（*CEE2*） 企业的预算计划中考虑了对环境的投资和采购（*CEE3*） 企业已将环境计划、愿景或使用与市场活动相结合（*CEE4*） 企业已将环境计划、愿景或实名与企业文化相结合（*CEE5*） 企业对员工进行与企业环保文化相关的沟通或培训（*CEE6*）	Henriques 和 Sadorsky（1999）、Weaver 等（1999）、Ahmed 等（1998）、Chang（2011）等

资料来源：笔者依据资料整理。

三　中介变量

（一）前瞻型环境战略

前瞻型环境战略是企业通过环境质量管理与运用组织资源与能力，减少生产经营对环境负面影响的一种超越环保法规的自愿性环境保护战略。依照上文对前瞻型环境战略变量的概述，本章主要依据 Sharma 和 Vredenburg（1998）、Aragón-Correa 等（2007）、Murillo-Luna 等（2008）、张钢和张小军（2011）等的研究对前瞻型环境战略进行测量，并结合中国情境进行适当修正，从企业环境目标、能源节约、废物循环、资源利用、企业环境评估、员工培训、设计标准、工艺开发、供应采购、产品包装 10 项内容对前瞻型环境战略进行测量，具体题项如表 6－3 所示。

表 6－3　　　　　　　　前瞻型环境战略量表

变量名称	量表题项及编号	文献来源
前瞻型环境战略（*PES*）	企业在制定目标和战略时，充分考虑环境问题（*PES1*） 企业会主动处理在经营活动过程中产生的环境问题，如处置有毒废物等（*PES2*） 企业会主动采取行动，如回收废旧产品、改进技术等，以减少废料或废气的排放（*PES3*） 企业增加了清洁能源的使用，如风力发电、使用天然气等（*PES4*） 企业定期进行生态环境评估及内部审查（*PES5*） 企业员工会参与企业环境相关的培训（*PES6*） 企业在设计及开发产品过程中考虑到环境标准（*PES7*） 企业目前使用了清洁技术和对环境友好的工艺（*PES8*） 企业在选择供应商时会考虑环保因素（*PES9*） 企业在产品的包装设计中加入环保因素，如尽量少地使用塑料制品（*PES10*）	Sharma 和 Vredenburg（1998）、Aragón-Correa 等（2007）、Murillo-Luna 等（2008）、张钢和张小军（2011）等

资料来源：笔者依据资料整理。

（二）绿色创新

绿色创新是企业在技术上实现降低环境污染的同时，能够有效提升企业环境绩效的创新。学术界目前对绿色创新的研究较为丰富，且测量方式呈现多样化特点。其中，按照创新对象对绿色创新进行划分是目前应用最广的分类方式。由于管理绿色创新是一个渐进过程，且最终作用于产品及流程中，且企业难以仅根据环境目标实现企业结构、人事管理、业务流程等管理层面的变革，因而本章将绿色创新分为产品绿色创新和流程绿色创新，依据 Chen 等（2006）、Chang（2011）、Chan 等（2016）等研究，从产品开发的材料选择、能源使用、无毒设计、材料循环，流程管理中的废物排放、材料循环使用、污染防治、原材料使用角度 8 个方面对绿色创新进行测量，具体题项如表 6－4 所示。

表 6－4　　绿色创新量表

变量名称	量表题项及编号	文献来源
绿色创新（GI）	产品绿色创新： 企业在产品开发和设计过程中使用了对环境无害的材料（GI1） 企业在产品开发和设计过程中选择了消耗能源和资源最少的原材料（GI2） 企业在产品开发和设计过程中使用构成产品最少的材料（GI3） 企业在产品开发和设计中会仔细撕开产品成分是否易于回收、再使用和可降解因素（GI4） 流程绿色创新： 企业在生产过程中有效减少了有害物质或废物的排放（GI5） 企业在生产过程中会回收废物与废料并对其进行处理与再利用（GI6） 企业在生产过程中减少水、电、煤或油的消耗（GI7） 企业在生产过程中减少了原材料的使用（GI8）	Chen 等（2006）、Chang（2011）、Chan 等（2016）等

资料来源：笔者依据资料整理。

四　调节变量

（一）利益相关者压力

经过上文对利益相关者压力的阐述，利益相关者压力的测量主要是以利益相关者的分类为依据进行测量或采取直接测量方式。本章基于利益相关者理论，主要考量利益相关者对企业压力的整体作用和在企业环境伦理与前瞻型环境战略制定间的调节作用，依照 Henriques 和 Sadorsky（1999）、Buysse 和 Verbeke（2003）、Pinzone 等（2015）等研究将利益相关者压力作为整体而非将其划分为具体维度进行测量，从股东、政府、消费者、竞争者、供应商、所在社区、媒体和环保组织共 8 个方面进行测量，具体题项如表 6－5 所示。

表 6－5　利益相关者压力量表

变量名称	量表题项及编号	文献来源
利益相关者压力（*SP*）	企业面对来自股东的压力（*SP1*） 企业面对来自政府的压力（*SP2*） 企业面对来自消费者的压力（*SP3*） 企业面对来自竞争者的压力（*SP4*） 企业面对来自供应商的压力（*SP5*） 企业面对来自所在社区的压力（*SP6*） 企业面对来自媒体的压力（*SP7*） 企业面对来自环保组织的压力（*SP8*）	Henriques 和 Sadorsky（1999）、 Buysse 和 Verbeke（2003）、 Pinzone 等（2015）等

资料来源：笔者依据资料整理。

（二）冗余资源

冗余资源是指超出企业实际经营所需后闲置、过剩的包括厂房、人力、资本、产能等在内的资源存积。如上文所述，学术界对冗余资源的测量主要分为财务指标的测量和非财务指标的测量，但由于财务指标的测量难以有效反映出与财务冗余性质不同的其他方面的冗余资源在组织中的作用，且难以针对研究变量特殊性进行测量，因而本章采用问卷量表形式，综合考虑企业财务冗余资源和非财务冗余资源，依照 Singh（1986）、Troilo 等（2014）等的研究，将冗余资源分为已被利用的冗余资源和未被利用的冗余资源两个维度，从财务资源、企业留存收益、银行贷款、运营能力、工艺设备、人才配备共 6 个方面进行测量，具体题项如表 6－6 所示。

表 6-6　　　　冗余资源量表

变量名称	量表题项及编号	文献来源
冗余资源（*SR*）	未被吸收的冗余资源（*SR1*）： 企业有足够的且可用于自由支配的财务资源（*SR11*） 企业有足以支持企业市场扩张的留存收益，如未分配的利润等（*SR12*） 企业能够在需要时较易获得银行贷款或其他金融机构资助（*SR13*） 已被吸收的冗余资源（*SR2*）： 企业目前的运营能力低于其设计能力，如预定目标等（*SR21*） 企业采用的工艺设备或技术比较先进，但没有被充分利用（*SR21*） 企业拥有的专门人才较多，但还有一定发掘能力（*SR23*）	Singh（1986）、Troilo 等（2014）等

资料来源：笔者依据资料整理。

（三）商业环境动态性

经过上文对商业环境动态性的阐述，商业环境动态性的测量主要基于权变理论，主要考量技术动态性和市场环境动态性两个方面。本章主要从单维度变量进行测量并结合 Miller 和 Shamsie（1996）和 Sharma 等（2007）成熟量表，具体题项如表 6-7 所示。

表 6-7　　　　商业环境动态性量表

变量名称	量表题项及编号	文献来源
商业环境动态性（*BDE*）	企业技术、消费者偏好、法律法规等影响企业的商业环境因素变化频繁（*BDE1*） 企业未积累足够资源形成竞争优势以应对商业环境变化（*BDE2*） 企业所处行业内的客户偏好在不断快速变化（*BDE3*） 企业客户的需求变化速度快并倾向于寻找新的产品与服务（*BDE4*）	Miller 和 Shamsie（1996）、Sharma 等（2007）

资料来源：笔者依据资料整理。

五　控制变量

（一）企业规模

在管理学研究中，企业规模既是企业重要的属性特征，也是重要的控制变量。规模较大的企业被认为拥有更多资源、技术和能力，相较于中小企业更易获得银行贷款等资金支持，且受益于自身财务资源的丰富使其能够在新产品、新设备和新技术上投入更多；在管理者认知上，规模较大的企业拥有更多的优秀人才，使其能够更加充分认识到环境问题的重要性。但同时，也有研究认为，小型企业在创造性、变革性、灵活性等方面要优于大型企业，尤其在面对技术与管理革新挑战时。因此，本章沿袭已有的相关研究思路，将企业规模作为研究的控制变量之一。在量表测量过程中，本章应用企业员工数量衡量企业规模，采用分段计数法将企业员工数量分为六类，包括 100 人以下；100—299 人；300—499 人；500—699 人；700—899 人；900 人及以上，并对每个区间段赋值，其中 0 代表 100 人以下；1 代表 100—299 人；2 代表 300—499 人；3 代表 500—699 人；4 代表 700—899 人；5 代表 900 人及以上。

（二）企业所有权性质

企业所有权性质是战略管理研究中重要的控制变量。李政和陆寅宏（2014）指出，企业所有权性质影响企业创新的产生与实施。Huang 等（2014）也认为，企业所有权性质影响企业实施污染防治对企业绩效的效果。对于国有企业，从制度基础观角度出发，国有企业在国家经济建设发展中起到示范作用，因而相对于个体或外资企业，国有企业更能紧跟国家环保政策，积极推进以环保为导向的管理活动。但也有研究从经济学效率角度出发，认为国有企业并没有充分利用资源进行创新活动，Guan 等（2009）在以中国企业为样本进行研究时发现，国有企业在新产品投入、专利申请和创新项目收益等方面具有负面作用。

因此，本章对企业所有权性质进行控制，以提高模型解释度。在量表测量过程中，本章将企业所有权性质分为两类，即国有控股企业和非国有控股企业，并对其进行虚拟化处理，将国有控股企业设为1，非国有控股企业设为0。

第三节 数据收集与控制

一 调研对象选择

本章主要探讨企业环境伦理及环境行为对企业竞争优势的影响，其中涉及企业环境伦理、前瞻型环境战略、绿色创新、企业竞争优势、利益相关者压力、冗余资源和商业环境动态性。此外，本书将企业规模与所有权作为研究控制变量。这些关于企业宏观战略及认知只有企业中高层管理者能够充分理解并掌握。相对于普通职员，中高层管理者了解企业最前沿发展战略规划、企业文化价值观体系构建、企业战略实施情况等。因此，本章将企业中高层管理者，即企业CEO、总裁和企业各职能部门如生产部门、人力资源部门、环境部门、市场部门、研发部门等部门经理或主管等作为研究对象。

在研究领域选择上，选取对环境造成更大压力的制造行业，且多集聚于大型重工企业，如汽车加工业、农副食品加工业、烟草制品业、医药制造业、石油加工及炼焦业、化学加工业等，更受政府、社会、社区和环保组织关注，且急需对现有产品进行优化，以生产清洁产品实现可持续发展。本章主要选取全国范围内具有代表性的地区作为研究对象，包括东北地区、京津冀地区、长三角地区和珠三角地区。对于东北地区，选取原因是其作为我国传统老工业基地，聚集了诸多汽车制造企业和农副产品加工企业，且规模较大，是中国重要的制造业集聚区；对于京津冀地区，选取原因是京津冀地区聚集了众多不同类型的制造业企业，且这些不同行业的企业在国内市场均具有较高市场份额，因而样本具有较好的代表性；对于长三角地区和珠三角地区，选取原因是二者均是全球范围内先进的制造业集聚区，且已经建立起诸多创新与技术相结合的新兴制造业，受社会关注度较高。综上所述，东北地区、京津冀地区、长三角地区和珠三角地区能总体代表我国制造企业对环境问题的认知及实施环保行为的情况，且这四个地区工业较为集聚，较易获取数据。在这四个地区，本章以吉林、黑龙江、河北、上海、浙江、广东等省份的企业为研究对象，选取行业包括汽车加工业、烟草制品业、印刷与造纸业、农副食品加工业、木材家具制造、交通运输设备制造业、医药制造业、电子设备制造业、石油加工及炼焦业、化学加工业等，涵盖了我国主要制造业类型，且地域分布涵盖一、二、三线城市，能够代表我国制造业环境管理落实的整体情况。对于具体企业的选取，本章主要以国泰安数据库和 Wind 数据库中对上述行业有详细地址和联系方式的 500 家企业作为研究对象。同时，本章在这四个地区进行了预调研，以节省时间成本和经济成本。

二　数据控制

由于在研究中较易出现社会赞许性偏差，即被调查者倾向于按照社会期许回答调研问题，导致研究结果有效性和真实性偏低。为此，本章在发放调查问卷前在邮件、电话、问卷卷首语中首先阐明问卷的学术用途和个人信息的保密性，不会泄露问卷信息。其次，在填写问卷过程中，采用匿名填写方式保证问卷的机密程度。最后，为减少被调查者的填写偏差，在填写问题前会提前告知被调查者问卷各部分是独立无关的。

为避免同源误差对研究的影响，本章在发放问卷前尽量让企业不同高层管理者回答不同问题，譬如让总经理或总裁回答企业文化价值观体系构建、前瞻型环境战略与企业绿色创新相关问题，让财务主管回答企业竞争优势中的财务相关问题，让生产部门经理回答企业产品绿色创新和流程绿色创新相关问题等。为了提高问卷发放的效率和质量，我们尽可能采取到企业中进行面对面访问和指导问卷填写方式，或通过与项目团队和学校建立良好关系的固定企业相关管理者将问卷通过 Email 方式进行发放。

三 数据分析方法

（一）描述性统计分析

描述性统计分析是对全部样本数据基本状况的描述，用于之后的信度与效度检验、相关性分析与回归分析以及 Bootstrop 分析。描述性统计分析内容涵盖样本年龄、样本规模、样本性质、样本所属行业等特征的分布情况，帮助研究者进一步了解企业管理者对于变量的主观感知，方便研究者进行下一步研究。

（二）信度与效度检验

信度与效度检验是衡量量表质量的重要指标。其中，信度反映测量工具的一致性与稳定性，学者通常用 Cronbach's α 系数检验量表的内部一致性。当数据检测的可信度越高时，说明测量结果越可靠。一般来说，当 Cronbach's α 系数值大于 0.7 时，说明量表具有良好的内部一致性。

效度反映测量量表全部潜在变量的正确性，即测量量表能否真正测量想要测量的变量。效度指标内容主要包括内容效度、聚合效度和判别效度等。其中，内容效度通过问卷的设计与发放进行测量，聚合效度通过因子载荷、复合效度（CR）和平均变异抽取量（AVE）进行测量，判别效度通过平均变异抽取量（AVE）和潜变量相关系数矩阵来测量。本章采用 SPSS 20.0 和 AMOS 17.0 对信度与效度进行测量。

（三）相关性分析与回归分析

相关性分析主要检验两个变量间关系的紧密程度，即两个变量关联程度越高，二者间的相关系数越高。研究中，通常采用Pearson积距相关系数方法以测量变量间的相关性，为后续的回归分析提供基础判断。在本章中，企业环境伦理、前瞻型环境战略、绿色创新和企业竞争优势之间的相关性是后续模型检验的重要基础。所采用的分析工具是SPSS 20.0。

（四）Bootstrap分析

Bootstrap分析又称“重复抽样评估”，是将样本看作一个总体，再从总体中随机抽取多个“子样本”进行重复抽样的过程。本章运用Bootstrap分析对调节中介模型进行检验，所采取的分析工具是SPSS 20.0和PROCESS宏命令。

四　预调研

为了检测检查问卷是否符合科学性并提高问卷质量，笔者在正式发放问卷前对初始问卷进行了一次小范围的预调研。由于学校中的MBA和EMBA学员多是企业高级管理者且具有丰富的实践经验，符合预调研中对填写问卷人员的要求，于是本章选择了吉林大学和东北师范大学的MBA和EMBA学员以及京津冀地区、长三角地区和珠三角地区各3家企业中的中高管理者作为预调研对象，共发放100份问卷，最后收集有效问卷83份。

由于信度分析用来评估量表的一致性与可靠性，本章通过Cronbach's α系数和修正后的总相关系数（CITC）来测量量表的信度水平，其中CITC值用于识别不相关题项并基于此对题项进行净化，Cronbach's α系数表示信度。本章根据Churchill（1979）的研究，CITC值需大于或等于0.5，当Cronbach's α系数值为0.5—0.7时，表明量表信度在可接受范围中，大于0.7表明信度良好。具体变量的信度测量如表6－8至表6－14所示。

表6-8 企业环境伦理量表一致性与可靠性检验

变量	题项	CITC	删除项后的Alpha	Cronbach's α
企业环境伦理（*CEE*）	*CEE1*	0.702	0.907	0.919
	CEE2	0.826	0.901	
	CEE3	0.886	0.902	
	CEE4	0.873	0.905	
	CEE5	0.770	0.908	
	CEE6	0.803	0.897	

从表6-8可以看出，企业环境伦理的各题项CITC值均大于0.5，其中Cronbach's α系数值为0.919，大于0.7，且删除其他任一题项后几乎不能提升Cronbach's α系数值，说明企业环境伦理量表的信度较好。

表6-9 前瞻型环境战略量表一致性与可靠性检验

变量	题项	CITC	删除项后的Alpha	Cronbach's α
前瞻型环境战略（*PES*）	*PES1*	0.798	0.858	0.875
	PES2	0.801	0.859	
	PES3	0.709	0.858	
	PES4	0.620	0.866	
	PES5	0.802	0.857	
	PES6	0.777	0.859	
	PES7	0.804	0.857	
	PES8	0.789	0.856	
	PES9	0.762	0.855	
	PES10	0.812	0.856	

从表6-9可看出，前瞻型环境战略的各题项CITC值均大于0.5，其中Cronbach's α系数值为0.875，大于0.7，且删除其他任一题项后几乎不能提升Cronbach's α系数值，说明前瞻型环境战略量表的信度较好。

表 6－10　　绿色创新量表一致性与可靠性检验

变量	题项	CITC	删除项后的 Alpha	Cronbach's α	
产品绿色创新（*GPTI*）	*GI*1	0.790	0.916	0.913	0.929
	*GI*2	0.842	0.920		
	*GI*3	0.838	0.903		
	*GI*4	0.761	0.923		
流程绿色创新（*GPSI*）	*GI*5	0.802	0.919	0.909	
	*GI*6	0.785	0.913		
	*GI*7	0.775	0.903		
	*GI*8	0.767	0. 916		

从表 6－10 可看出，产品绿色创新的各题项 CITC 值均大于 0.5，Cronbach's α 系数值为 0.913，大于 0.7；流程绿色创新的各题项 CITC 值均大于 0.5，Cronbach's α 系数值为 0.909，大于 0.7。总体 Cronbach's α 系数值为 0.929，大于 0.7，且删除其他任一题项后几乎不能提升 Cronbach's α 系数值，说明绿色创新量表信度较好。

表 6－11　　企业竞争优势量表一致性与可靠性检验

变量	题项	CITC	删除 CCA7 和 CCA7 后的 Alpha	Cronbach's α
企业竞争优势（*CCA*）	*CCA1*	0.798	0.901	0.916
	CCA2	0.782	0.903	
	CCA3	0.813	0.852	
	CCA4	*0.489*	0.882	
	CCA5	0.794	0.913	
	CCA6	0.809	0.876	
	CCA7	0.369	0.866	
	CCA8	0.803	0.905	

从表 6－11 可看出，企业竞争优势题项中 *CCA*4 的 CITC 值为 0.489，

小于0.5，CCA7 的 CITC 值为0.369 小于0.5，因而将这两个题项进行净化，且删除 *CCA4* 和 *CCA7* 题项后的 Cronbach's α 系数值得到提升，因而将 *CCA4* 和 *CCA7* 删除。删除后量表信度为0.916，信度水平较高。

表6-12　　　　利益相关者压力量表一致性与可靠性检验

变量	题项	CITC	删除项后的 Alpha	Cronbach's α
利益相关者压力（*SP*）	*SP1*	0.712	0.903	0.923
	SP2	0.720	0.902	
	SP3	0.715	0.905	
	SP4	0.603	0.902	
	SP5	0.702	0.901	
	SP6	0.804	0.898	
	SP7	0.813	0.909	
	SP8	0.630	0.911	

从表6-12可看出，利益相关者压力的各题项 CITC 值均大于0.5，Cronbach's α 系数值为0.923 大于0.7，且删除其他任一题项后几乎不能提升 Cronbach's α 系数值，说明利益相关者压力量表信度较好。

表6-13　　　　冗余资源量表一致性与可靠性检验

变量	题项	CITC	删除项后的 Alpha	Cronbach's α	
未被吸收的冗余资源（*SR1*）	*SR11*	0.772	0.816	0.882	0.918
	SR12	0.689	0.813		
	SR13	0.693	0.828		
已被吸收的冗余资源（*SR2*）	*SR21*	0.729	0.793	0.842	
	SR22	0.662	0.849		
	SR23	0.689	0.774		

从表6－13可看出，未被吸收的冗余资源的各题项CITC值均大于0.5，Cronbach's α系数值为0.882，大于0.7；已被吸收的冗余资源的各题项CITC值均大于0.5，Cronbach's α系数值为0.842，大于0.7。总体Cronbach's α系数值为0.918，大于0.7，且删除其他任一题项后几乎不能提升Cronbach's α系数值，说明冗余资源量表信度较好。

表6－14　　商业环境动态性量表一致性与可靠性检验

变量	题项	CITC	删除项后的Alpha	Cronbach's α
商业环境动态性（*BDE*）	*BDE1*	0.808	0.851	0.916
	BDE 2	0.792	0.803	
	BDE 3	0.801	0.852	
	BDE 4	0.783	0.　840	

从表6－14可看出，商业环境动态性变量的各题项CITC值均大于0.5，总体Cronbach's α系数值为0.916，大于0.7，且删除其他任一题项后几乎不能提升Cronbach's α系数值，说明商业环境动态性量表信度较好。

通过预调研对题项的一致性与可靠性进行评估，净化了量表中质量较差题项，使量表和各维度达到Cronbach's α系数值大于0.7的标准。净化后量表的各题项可信度达到最好效果，由此开始正式问卷调研。

本次调研时间是从2018年5月至2019年1月，共历时九个月，发放问卷1000份，最终回收问卷513份，其中有效率为51.3%。样本的回收率与有效率均符合要求，可进一步进行数据分析与假设检验部分。

第四节　数据分析与检验

本章在文献综述、提出假设、研究方法阐述和变量设计的基础上，对所收集的数据进行描述性统计分析、信度与效度检验、相关性分析与回归分析、Bootstrap 分析等以检验研究假设。在进行所有假设的验证性统计分析时，主要使用 SPSS 20.0 和 AMOS 18.0 软件。

一 描述性统计分析

为了更详细和清晰地展示样本企业的特征与样本整体情况，本节对企业特征，如企业规模、所有制类型、个体特征和所有变量进行描述性统计分析。

（一）企业规模的统计

企业员工人数的统计用于衡量企业规模，是管理学相关研究中最重要的企业特征之一。如表 6－15 所示，本章的样本分散性较大，包括不同类型的企业人员，其中 100 人以下的企业样本共 88 个，占比为 17.15%；100—299 人的企业样本共 59 个，占比为 11.50%；300—499 人的企业样本共 63 个，占比为 12.28%；500—699 人的企业样本共 51 个，占比为 9.94%；700—899 人的企业样本共 30 个，占比为 5.85%；900 人及以上的企业样本共 222 个，占比 43.27%。

表 6－15　　企业规模分布

人员规模	样本数（个）	占比（%）	累计占比（%）
100 人以下	88	17.15	17.15
100—299	59	11.50	28.65
300—499 人	63	12.28	40.93
500—699 人	51	9.94	50.87
700—899 人	30	5.85	56.72
900 人及以上	222	43.27	—
合计	513	—	—

注：因四舍五入计算，百分比相加可能不等于 100%。

（二）企业所有权类型的统计

样本数据具有不同形式的所有权性质，尤其是随着中国对外资企业与合资企业政策的不断开放和对国内民营企业的大力支持，越来越多的外资企业、合资企业和民营企业进入国内制造业市场。如表6-16所示，本章样本中有147个国有企业样本数据，占比为28.65%；外资企业的样本为27个，占比为5.26%；合资企业的样本为31个，占比为6.04%；民营企业的样本共308个，占比为60.04%。

表6-16　　企业所有制类型分布

所有制类型	样本数（个）	占比（%）	累计占比（%）
国有企业	147	28.65	28.65
外资企业	27	5.26	33.91
合资企业	31	6.04	39.95
民营企业	308	60.04	—
合计	513	—	—

注：因四舍五入处理，百分比相加可能不等于100%。

（三）所属行业的统计

本章样本覆盖了东北地区、京津冀地区、长三角地区和珠三角地区的农副食品加工、医药制造、汽车制造、电子设备制造、化学加工、石油加工及炼焦等行业，基本上可以代表我国目前制造业企业整体情况，具体信息如表6-17所示。其中，农副食品加工行业的样本最多，为111个，占比为21.64%；医药制造行业的样本较多，共85个，占比为16.57%；汽车制造、交通运输设备制造和化学加工行业样本为50个或50个以上，占比大于30.00%；电子设备制造和其他制造业的样本均在40个以上，占比大于16.00%；由于行业特殊性和样本数量限制，烟草制品、印刷造纸、木材家具制造和石油加工及炼焦行业的样本较少，均少于20个，占比约为14.00%。

表 6-17　　　　所属行业分布

行业类型	样本数（个）	占比（%）	累计占比（%）
农副食品加工	111	21.64	21.64
烟草制品	18	3.51	25.15
印刷造纸	17	3.31	28.46
医药制造	85	16.57	45.03
木材家具制造	19	3.70	48.73
汽车制造	58	11.31	60.04
交通运输设备制造	50	9.75	69.79
电子设备制造	42	8.19	77.98
石油加工及炼焦	16	3.12	81.10
化学加工	55	10.72	91.82
其他制造业	42	8.19	—
合计	513	—	—

注：因四舍五入处理，百分比相加可能不等于100%。

（四）城市分布情况统计

本章主要对东北地区、京津冀地区、长三角地区和珠三角地区的企业进行调研，东北地区主要包括大庆、牡丹江、长春、松原、鞍山五个城市，京津冀地区主要包括石家庄、唐山、天津、北京四个城市，长三角地区主要包括徐州、上海、南京、连云港等城市，珠三角地区主要包括东莞、广州、深圳等城市。如表 6-18 所示，东北地区的样本为243 个，占比为47.37%；京津冀地区的样本为105 个，占比为20.47%；长三角地区的样本为97 个，占比为18.91%；珠三角地区的样本为68 个，占比为13.26%。在城市分布中，如表 6-19 所示，样本数最多的城市为长春，最少的是广州。

表 6-18　　　　企业所在地区分布

企业所在地区	样本数（个）	占比（%）	累计占比（%）
东北地区	243	47.37	47.37

续表

企业所在地区	样本数（个）	占比（%）	累计占比（%）
京津冀地区	105	20.47	67.84
长三角地区	97	18.91	86.75
珠三角地区	68	13.26	—
合计	513	—	—

注：因四舍五入处理，百分比相加可能不等于100%。

表6－19　　企业所在城市分布

行业类型	样本数（个）	占比（%）	累计占比（%）
大庆	24	4.68	4.68
牡丹江	32	6.24	10.92
长春	53	10.33	21.25
松原	19	3.70	24.95
鞍山	38	7.41	32.36
石家庄	24	4.68	37.04
唐山	32	6.24	43.28
天津	39	7.60	50.88
北京	21	4.09	54.97
徐州	34	6.63	61.60
上海	28	5.46	67.06
南京	14	2.73	69.79
连云港	34	6.63	76.42
东莞	29	5.65	82.07
广州	12	2.34	84.41
深圳	31	6.04	90.45
其他	49	9.55	—
合计	513	—	—

注：因四舍五入处理，百分比相加可能不等于100%。

（五）样本个体特征

1. 样本个体年龄统计

基于国外已有研究的做法，本章还对研究样本个体年龄统计特征进行了分析。如表6－20所示，在全部受访者中，30岁及以下的个体样本共90个，占比为17.54%；31—40岁的个体样本为175个，占比为34.11%；41—50岁的个体样本为159个，占比为30.99%；50岁以上的个体样本为89个，占比为17.35%。

表6－20　　样本个体年龄特征

受访者年龄	样本数（个）	占比（%）	累计占比（%）
30岁及以下	90	17.54	17.54
31—40岁	175	34.11	51.65
41—50岁	159	30.99	82.64
50岁以上	89	17.35	—
合计	513	—	—

注：因四舍五入处理，百分比相加可能不等于100%。

2. 样本个体职位统计

本章进一步对受访者职位进行统计，如表6－21所示，生产部门经理是样本最多的职位，为223个，占比为43.47%；研发部门经理、财务部门经理和环保部门经理的样本也较多，均在50个以上；由于职位限制和样本数量限制，信息统计部门经理样本最少，为4个，占比为0.78%。

表6－21　　样本个体职位特征

受访者职位	样本数（个）	占比（%）	累计占比（%）
董事长及总经理	38	7.41	7.41
人事部门经理	47	9.16	16.57
生产部门经理	223	43.47	60.04
财务部门经理	53	10.33	70.37
信息统计部门经理	4	0.78	71.15
研发部门经理	54	10.53	81.68
环保部门经理	41	7.99	89.67

续表

受访者职位	样本数（个）	占比（%）	累计占比（%）
其他	53	10.33	—
合计	513	—	—

注：因四舍五入处理，百分比相加可能不等于100%。

（六）量表描述性统计分析

本章设计测量的变量共6个，包括企业环境伦理、企业竞争优势、前瞻型环境战略、绿色创新、利益相关者压力和冗余资源。其中，绿色创新分为产品绿色创新和流程绿色创新，冗余资源分为未被吸收的冗余资源和已被吸收的冗余资源（见表6－22）。

表6－22　量表描述性统计分析

变量	子维度	均值	标准差
企业环境伦理	—	4.184	1.382
企业竞争优势	—	3.918	1.403
前瞻型环境战略	—	4.135	1.304
绿色创新	产品绿色创新	4.117	1.320
	流程绿色创新	4.213	1.267
利益相关者压力	—	4.326	1.270
冗余资源	未被吸收的冗余资源	4.217	1.362
	已被吸收的冗余资源	4.058	1.286

通过变量的描述统计可知，各变量的均值分布范围为3.918—4.326，其中利益相关者压力的均值最高为4.326；此外标准差的分布范围为1.267—1.403，其中流程绿色创新的标准差最小为1.267。数据表明，企业总体上较认可企业环境伦理的作用，此外，企业对制定前瞻型环境战略的态度是较为积极的。虽然企业对产品及流程的绿色创新都有一定的认可度，但企业对生产流程绿色化的认知要强于对产品环保性的认知，说明企业在绿色创新行为中，相较于产品本身，企业

更侧重于对产品生产过程中的清洁技术、具有更高要求的环保设备等进行研发与投入。此外，相较于厂房、人员配置等已被吸收的冗余资源，企业更能认识到内部如现金、贷款等未被吸收的冗余资源的重要性。

二　信度与效度检验分析

（一）信度分析

对于测量问卷信度，现有研究多采用Cronbach's α系数为检验标准。上文已经阐述了管理学中普遍采用的评价标准，即Cronbach's α系数值需大于0.7，CITC值大于0.5。问卷总的内部一致性系数为0.948，具体如表6－23所示，企业环境伦理的Cronbach's α系数值为0.920，CITC值最小为0.707；前瞻型环境战略的Cronbach's α系数值为0.894，CITC值最小为0.708；绿色创新的Cronbach's α系数值为0.906，其中产品绿色创新的Cronbach's α系数值为0.868，CITC值最小为0.706，流程绿色创新的Cronbach's α系数值为0.848，CITC值最小为0.657；企业竞争优势的Cronbach's α系数值为0.923，CITC值最小为0.716；利益相关者压力的Cronbach's α系数值为0.918，CITC值最小为0.610；冗余资源的Cronbach's α系数值为0.913，其中未被吸收的冗余资源的Cronbach's α系数值为0.859，CITC值最小为0.618，已被吸收的冗余资源的Cronbach's α系数值为0.881，CITC值最小为0.544。

表6－23　量表可靠性分析

变量	子维度	CITC		Cronbach's α	
		最小值	最大值	分维度	总体
企业环境伦理	—	0.707	0.861		0.920
前瞻型环境战略	—	0.708	0.804		0.894
绿色创新	产品绿色创新	0.706	0.783	0.868	0.906
	流程绿色创新	0.657	0.710	0.848	

续表

变量	子维度	CITC		Cronbach's α	
		最小值	最大值	分维度	总体
企业竞争优势	—	0.716	0.813		0.923
利益相关者压力	—	0.610	0.765		0.918
冗余资源	未被吸收的冗余资源	0.618	0.760	0.859	0.913
	已被吸收的冗余资源	0.544	0.634	0.881	
商业环境动态性		0.718	0.816		0.939

(二) 效度分析

根据前文分析，本章主要从四个方面进行测试：内容有效性、建构效度、聚合效度和判别效度。针对内容效度，本章采用的量表均来自国内外成熟量表并经过双盲翻译、专家小组讨论、预调研、反复修订与完善等多个步骤，以确保问卷既可充分反映测量概念，又符合中国情境的表达。因而可认为，本章具有良好的内容效度。

针对聚合效度与判别效度，本章进行了各概念的因子分析，具体如表6-24所示，所有题项的KMO值均高于0.7，Bartlett's检验均在0.1%水平上显著，大多数因子载荷最小值均高于0.6，累计方差贡献度最低为69.859%，基于此，可以初步判断该量表具有较好的聚合效度与判别效度。

表6-24　　因子分析结果

变量	标识	项目数	KMO	Bartlett's 检验显著性	最小因子载荷量	累计方差贡献率（%）
企业环境伦理	*CEE*	6	0.822	0.000	0.832	85.600
前瞻型环境战略	*PES*	10	0.830	0.000	0.645	71.786
产品绿色创新	*GPTI*	4	0.863	0.000	0.767	86.536
流程绿色创新	*GPSI*	4	0.828	0.000	0.842	80.437
企业竞争优势	*CCA*	6	0.820	0.000	0.847	83.968

续表

变量	标识	项目数	KMO	Bartlett's检验显著性	最小因子载荷量	累计方差贡献率（%）
利益相关者压力	*SP*	8	0.821	0.000	0.670	69.936
未被吸收的冗余资源	*SR1*	3	0.732	0.000	0.793	84.383
已被吸收的冗余资源	*SR2*	3	0.756	0.000	0.739	69.859
商业环境动态性	*BDE*	4	0.810	0.000	0.763	71.436

表6－25为各变量的验证性因子分析结果，可以看出，各概念的拟合指标都在接受范围内，NFI、GFI、RFI、IFI和CFI值均大于0.8，且大多数大于0.9，RMSEA小于0.1，表明量表具有较好的建构效度。此外，表6－25中也反映出各变量的组合效度（CR）较好，最小值为0.887。

表6－25　验证性因子分析结果

变量	AVE	CR	拟合指标					
			NFI	RMSEA	GFI	RFI	IFI	CFI
CEE	0.586	0.943	0.964	0.265	0.932	0.893	0.965	0.985
PES	0.688	0.956	0.879	0.106	0.805	0.845	0.886	0.886
GPTI	0.721	0.948	0.997	0.069	0.993	0.990	0.998	0.998
GPSI	0.739	0.898	0.975	0.188	0.966	0.924	0.976	0.976
CCA	0.508	0.942	0.971	0.043	0.939	0.951	0.973	0.973
SP	0.556	0.938	0.923	0.052	0.981	0.992	0.929	0.928
SR1	0.571	0.899	0.998	0.034	1.000	0.988	1.000	1.000
SR2	0.652	0.887	0.999	0.000	0.999	0.999	1.000	0.998
BDE	0.682	0.918	0.969	0.035	0.975	0.990	0.916	0.925

表6－26列举了任何两个维度间的相关系数，表明两个变量间的相关性。除部分控制变量与各变量间的关系不显著外，其他任意两变量间具有显著正相关关系，充分表明本章各变量间的相关性。此外，对角线为AVE的平方根，可见量表AVE的平方根均大于相关系数矩阵，说明样本具有较好的聚合效度和判别效度。

表 6-26　　Pearson 相关性分析

变量	SIZE	SORT	CEE	PES	GPTI	GPSI	CCA	SP	SR1	SR2	BDE
SIZE											
SORT	0.152										
CEE	0.350**	0.005	0.765								
PES	0.146*	0.360	0.366**	0.829							
GPTI	0.142	0.209*	0.440**	0.642**	0.849						
GPSI	0.176*	0.012	0.308**	0.457**	0.517**	0.859					
CCA	0.208*	0.105	0.205**	0.417**	0.400**	0.471**	0.713				
SP	0.315**	0.079	0.334**	0.278**	0.321**	0.376**	0.455**	0.745			
SR1	0.120	0.106*	0.464**	0.543**	0.593**	0.500**	0.498**	0.512**	0.755		
SR2	0.204*	0.077	0.234**	0.453**	0.454**	0.236**	0.435**	0.477**	0.420**	0.807	
BDE	0.153*	0.195	0.253**	0.263**	0.363**	0.264**	0.414**	0.363**	0.414**	0.316**	0.853

注：**、*分别表示在5%、10%的显著性水平下显著；SIZE代表企业规模，SORT代表企业类型。

（三）共同方法偏差检验

相同的数据来源与评分者、相同的测量环境、相同的语境和项目本身等诸多因素易造成预测变量与效标变量间人为的共变，使研究结果不精准。对于本章来说，通过采用单问卷的方式测量受访者关于不同概念的感知与评价，同样易受样本同源性、测量语境和其他干扰项的影响。因此，本章在假设验证前采用 Harman's 单因素方法对各变量进行共同方法偏差检测，即把所有题项放在探索性因素分析中，验证未旋转的因素分析结果。本章采用未旋转主成分分析法将全部题项进行探索性因子分析，所得 KMO 值为 0.822，不旋转的第一个主成分方差贡献率为 33.554%，未及解释变量的一半。因此，研究没有受共同方法偏差影响，可检验假设。

三　假设检验

（一）前瞻型环境战略的中介作用检验

本章采用依次回归分析法进行检验并在回归分析前将所有数据进

行中心化处理，将自变量、中介变量、因变量、调节变量引入回归模型中。由表6－27中模型1可知，企业环境伦理对前瞻型环境战略的制定具有显著正向影响（$\beta = 0.338$，$p < 0.01$）；由模型2可知，企业环境伦理对企业竞争优势具有显著正向作用（$\beta = 0.295$，$p < 0.01$），假设H4－1成立。此外，前瞻型环境战略也对企业竞争优势具有显著正向影响（$\beta = 0.424$，$p < 0.01$），且企业环境伦理（$\beta = 0.058$，$p < 0.05$）和前瞻型环境战略（$\beta = 0.404$，$p < 0.01$）正向影响企业竞争优势，且企业环境伦理对企业竞争优势的影响显著下降（$0.058 < 0.295$），说明前瞻型环境战略在企业环境伦理与企业竞争优势间起部分中介作用，假设H4－2成立。

表6－27　　前瞻型环境战略为中介的回归验证结果

变量	PES		CAA	
	模型1	模型2	模型3	模型4
SIZE	0.016	0.006 *	0.011	0.049 *
SORT	0.034	0.118	0.016 *	0.007
CEE	0.338 ***	0.295 ***		0.058 **
PES		0.424 ***	0.404 ***	
R^2	0.136	0.042	0.175	0.178
调整 R^2	0.112	0.016	0.152	0.147
F值	5.748 ***	3.608 ***	7.769 ***	11.327 ***

注：***、**、*分别表示在1%、5%、10%的显著性水平下显著。

在对前瞻型环境战略进行简单中介分析的基础上，本章进一步采用Bootstrap分析法对前瞻型环境战略的中介作用进行检验并分析其中介作用强度。

基于此，本章建立回归模型为：

$$Y = a_o + a_1 X + a_2 M_1 \quad (6-1)$$

其中，X代表企业环境伦理，Y代表企业竞争优势，M_1代表前瞻型环境战略。具体结果如表6－28所示，总回归模型中的系数均显著。

表6－28　　前瞻型环境战略中介作用下的Bootstrap回归分析

	a_o	a_1	a_2	R^2	F值
Y	2.525**	0.058*	0.404***	0.178	11.327

注：***、**、*分别表示在1%、5%、10%的显著性水平下显著。

参照Hayes（2013）提出的中介模型，本章采用SPSS中PROCESS宏命令进行中介检验。PROCESS宏命令采用Bootstrap分析法，在样本数为5000且95%置信区间下对变量进行中介检验，结果符合模型4。X为企业环境伦理，Y为企业竞争优势，如表6－29所示，企业环境伦理对企业竞争优势直接影响系数为0.058，置信区间为［0.019，0.236］，不包含0；企业环境伦理对企业竞争优势间接影响系数为0.142，置信区间为［0.069，0.249］，不包含0，可见研究的直接影响和间接影响均显著，再次检验假设H4－2成立。

表6－29　　前瞻型环境战略的中介效应

	Effect	SE（Boot）	BootLLCI	BootULCI
X对Y的直接影响	0.058	0.089	0.019	0.236
X对Y的间接影响	0.142	0.044	0.069	0.249

注：置信区间为95%，Bootstrap＝5000。

（二）绿色创新的中介作用检验

企业环境伦理和绿色创新显著正向影响企业竞争优势，企业环境伦理的R^2解释度上升，表明绿色创新整体在企业环境伦理与企业竞争优势间起部分中介作用，假设H4－3成立。另外，对绿色创新分维度进行中介验证。由表6－30可知，企业环境伦理对绿色创新有正向影响，其中对产品绿色创新（$\beta=0.373$，$p<0.01$）和流程绿色创新（$\beta=0.212$，$p<0.01$）都有显著正向影响，且产品绿色创新（$\beta=0.453$，$p<0.01$）

和流程绿色创新（β=0.602，p<0.01）显著正向影响企业竞争优势。由表6-30中模型6可知，企业环境伦理（β=0.029，p<0.05）和产品绿色创新（β=0.439，p<0.01）正向影响企业竞争优势，且企业环境伦理对企业竞争优势的影响显著下降（0.029<0.195），且R^2解释度上升了0.019，说明产品绿色创新在企业环境伦理与企业竞争优势间起部分中介作用，假设H4-3a成立；由模型7可知，企业环境伦理（β=0.072，p<0.05）和流程绿色创新（β=0.521，p<0.01）正向影响企业竞争优势，且企业环境伦理对企业竞争优势的影响显著下降（0.072<0.195），且R^2解释度上升了0.085，说明流程绿色创新在企业环境伦理与企业竞争优势间起部分中介作用，假设H4-3b成立。

表6-30　绿色创新为中介的回归验证结果

变量	GPTI	GPSI	CAA				
	模型1	模型2	模型3	模型4	模型5	模型6	模型7
SIZE	-0.005	0.038	0.018*	0.014	-0.002*	0.009	0.049
SORT	0.200*	0.016	0.004*	-0.012*	0.010	0.013	0.107*
CEE	0.373***	0.212***	0.195***			0.029**	0.072**
GPTI				0.453***		0.439***	
GPSI					0.602***		0.521***
R^2	0.195	0.117	0.142	0.161	0.222	0.161	0.227
调整R^2	0.173	0.106	0.116	0.138	0.201	0.131	0.198
F值	8.859***	5.093***	6.608**	7.026***	10.483***	10.058***	15.517***

注：***、**、*分别表示在1%、5%、10%的显著性水平下显著。

在对绿色创新进行简单中介分析的基础上，本章进一步采用Bootstrap分析法对绿色创新的中介作用进行检验，并分析其中介作用强度。

基于此，本章建立回归模型为：

$$Y = a_o + a_1X + a_2M_1 + a_3M_2 \qquad (6-2)$$

其中，X代表企业环境伦理，Y代表企业竞争优势，M_1代表产品绿色创新，M_2 代表流程绿色创新。具体结果如表 6－31 所示，总回归模型中的系数均显著。

表 6－31　　绿色创新中介作用下的 Bootstrap 回归分析

	a_o	a_1	a_2	a_3	R^2	F 值
Y	1.756*	0.024*	0.191***	0.463***	0.242***	11.189***

注：***、* 分别表示在 1%、10% 的显著性水平下显著，Bootstrap＝5000。

同样参照 Hayes（2013）提出的中介模型，本章在验证绿色创新过程中采用 SPSS 中 PROCESS 宏命令进行中介检验。PROCESS 宏命令采用 Bootstrap 方法，在样本 5000 且 95% 置信区间下对变量进行中介检验。X 为企业环境伦理，Y 为企业竞争优势，如表 6－32 所示，企业环境伦理对企业竞争优势的直接影响系数为 0.034，置信区间为[0.072，0.151]，不包含 0；在产品绿色创新的中介作用下，企业环境伦理对企业竞争优势的间接影响系数为 0.164，置信区间为［0.031，0.079］，不包含 0；在流程绿色创新的中介作用下，企业环境伦理对企业竞争优势的间接影响系数为 0.134，置信区间为［0.025，0.225］，不包含 0。由此可见，研究的直接影响和间接影响均显著，再次检验假设 H4－3a、假设 H4－3b 成立。

表 6－32　　绿色创新的中介效应

	Effect	SE（Boot）	BootLLCI	BootULCI
X 对 Y 的直接影响	0.034	0.093	0.072	0.151
X 对 Y 的间接影响（GPTI）	0.164	0.049	0.031	0.079
X 对 Y 的间接影响（GPSI）	0.134	0.039	0.025	0.225

注：置信区间为 95%，Bootstrap＝5000。

（三）链式中介效应检验

Baron 和 Kenny（1986）采用逐步回归法验证多个中介作用，但多个中介检验步骤并未明晰。本章主要依照 Hayes（2013）提出的多重中介模型，在验证前瞻型环境战略和绿色创新链式中介过程中采用 SPSS 中 PROCESS 宏命令进行中介检验。

如表 6－33 所示，本章首先通过 PROCESS 宏命令，验证企业环境伦理通过前瞻型环境战略和绿色创新对企业竞争优势的总效应，链式中介总效应为 0.347，置信区间为［0.181，0.513］，假设 H4－4 成立。

表 6－33　前瞻型环境战略和绿色创新的链式中介结果

自变量	中介变量	Index	SE（Boot）	BootLLCI	BootULCI
企业环境伦理	前瞻型环境战略，绿色创新	0.347	0.083	0.181	0.513

注：置信区间为 95%，Bootstrap = 5000。

另外，本章将绿色创新分为产品绿色创新和流程绿色创新，分别验证前瞻型环境伦理与产品绿色创新的链式中介作用和前瞻型环境战略与流程绿色创新的链式中介作用并进行对比分析。

第一，在验证前瞻型环境战略与产品绿色创新链式中介中，本章建立回归模型为：

$$Y1 = a_o + a_1X + a_2M_1 + b_1Z_1 + b_2Z_2 \qquad (6-3)$$

其中，X 代表企业环境伦理，Y 代表企业竞争优势，M_1 代表产品绿色创新，Z_1 代表企业规模，Z_2 代表企业性质。具体结果如表 6－34 所示，总回归模型中的系数均显著。

表 6－34　链式中介的 Bootstrap 回归分析（产品绿色创新）

	a_o	a_1	a_2	b_1	b_2	R^2	F 值
Y	2.627***	0.029*	0.439***	0.049*	0.007***	0.161	15.526

注：***、* 分别表示在 1%、10% 的显著性水平下显著；Bootstrap = 1000。

参照 Hayes（2013）提出的链式中介模型，本章在验证产品绿色创新过程中采用SPSS中PROCESS宏命令进行链式中介检验。*X*为企业环境伦理，*Y*为企业竞争优势，如表6－35所示，企业环境伦理对企业竞争优势直接影响系数为0.072，置信区间为［0.064，0.190］；在产品绿色创新的中介作用下，企业环境伦理对企业竞争优势间接影响系数为0.096，置信区间为［0.106，0.297］，Ind2是前瞻型环境战略与产品绿色创新在企业环境伦理对企业竞争优势的链式中介效应检验，从结果来看，链式中介效应为0.050，其中BootLLCI与BootULCI区间为［0.005，0.116］，可见研究的直接影响和间接影响均显著，且链式中介效应显著，再次检验假设H4－4a成立。由三条路径对比的检验结果可知，间接对比效应C1（Ind1－Ind2）显著，BootLLCI与BootULCI区间为［0.051，0.192］，和间接对比效应C2（Ind1－Ind3）显著，BootLLCI与BootULCI区间为［0.069，0.216］，而间接对比效应C3不显著，表明链式中介与简单中介存在显著差异。

表6－35　前瞻型环境战略和产品绿色创新的链式中介结果

	Effect	BootSE	BootLLCI	BootULCI
X对Y的直接影响	0.072	0.092	0.064	0.190
*X*对*Y*的总间接影响（GPTI）	0.096	0.047	0.106	0.297
*X*对*Y*的间接影响（Ind1）	0.096	0.477	0.020	0.215
*X*对*Y*的间接影响（Ind2）	0.050	0.271	0.005	0.116
*X*对*Y*的间接影响（Ind3）	0.043	0.033	0.003	0.139
间接效应对比C1	0.046	0.062	0.051	0.192
间接效应对比C2	0.045	0.071	0.069	0.216
间接效应对比C3	0.007	0.028	－0.074	0.040

注：置信区间为95%，Bootstrap＝5000。

第二，在验证前瞻型环境战略与流程绿色创新链式中介中，本章建立回归模型为：

$$Y2 = a_o + a_1X + a_2M_1 + b_1Z_1 + b_2Z_2 \quad (6-4)$$

其中，X 代表企业环境伦理，Y 代表企业竞争优势，M_1 代表流程绿色创新，Z_1 代表企业规模，Z_2 代表企业性质。具体结果如表 6 - 36 所示，总回归模型中的系数均显著。

表 6 - 36　　链式中介的 Bootstrap 回归分析（产品绿色创新）

	a_o	a_1	a_2	b_1	b_2	R^2	F 值
Y	1.813***	0.072*	0.578***	0.049***	0.007*	0.227	26.058

注：***、*分别表示在 1%、10% 的显著性水平下显著，Bootstrap = 1000。

本章在验证流程绿色创新过程中同样采用 SPSS 中 PROCESS 宏命令进行链式中介检验。X 为企业环境伦理，Y 为企业竞争优势，如表 6 - 37 所示，企业环境伦理对企业竞争优势的直接影响系数为 0.047，置信区间为［0.018，0.103］；在流程绿色创新的中介作用下，企业环境伦理对企业竞争优势的间接影响系数为 0.196，置信区间为［0.019，0.298］，Ind2 是前瞻型环境战略与流程绿色创新在企业环境伦理对企业竞争优势的链式中介效应检验，从结果来看，链式中介效应为 0.045，其中 BootLLCI 与 BootULCI 区间为［0.015，0.115］，可见研究的直接影响和间接影响均显著，且链式中介效应显著，再次检验假设 H4b 成立。在三条路径对比的检验结果可知，间接对比效应 C1（Ind1 - Ind2）不显著，和间接对比效应 C2（Ind1 - Ind3）显著，BootLLCI 与 BootULCI 区间为［0.041，0.146］，间接对比效应 C3 显著，BootLLCI 与 BootULCI 区间为［-0.105，-0.033］，表明链式中介与简单中介存在显著差异。

表 6 - 37　　前瞻型环境战略和流程绿色创新的链式中介结果

	Effect	BootSE	BootLLCI	BootULCI
X 对 Y 的直接影响	0.047	0.083	0.018	0.103
X 对 Y 的总间接影响（GPSI）	0.196	0.045	0.019	0.298

续表

	Effect	BootSE	BootLLCI	BootULCI
X 对 *Y* 的间接影响（Ind1）	0.093	0.040	0.026	0.192
X 对 *Y* 的间接影响（Ind2）	0.045	0.024	0.015	0.115
X 对 *Y* 的间接影响（Ind3）	0.055	0.031	0.004	0.127
间接效应对比 C1	0.048	0.047	-0.053	0.139
间接效应对比 C2	0.038	0.055	0.041	0.146
间接效应对比 C3	-0.010	0.044	-0.105	-0.033

注：置信区间为95%，Bootstrap = 5000。

（四）利益相关者压力的调节作用检验

在检验利益相关者压力对企业环境伦理与前瞻型环境战略的调节作用中，如表6-38所示，模型1验证了企业环境伦理（β = 0.293，p < 0.01）和利益相关者压力（β = 0.297，p < 0.1）对前瞻型环境战略的显著正向作用，模型2在此基础上验证出企业环境伦理与利益相关者压力的交互项（β = 0.226，p < 0.01）显著正向影响前瞻型环境战略，且 R^2 上升了0.154，改变量大于0.01，可知利益相关者压力正向调节企业环境伦理对前瞻型环境战略的影响作用，假设H4-5成立。

表6-38　　　　利益相关者的调节作用

变量	PES		CCA	
	模型1	模型2	模型3	模型4
SIZE	0.007	0.009	0.022*	0.047***
SORT	0.041	0.055*	0.005	0002*
CEE	0.293***	0.065*	0.140***	0.333***
SP	0.297*	0.287***	0.365*	0.129**
CEE × *SP*		0.226***		0.109*
R^2	0.163	0.317	0.102	0.131
调整 R^2	0.133	0.285	0.083	0.080
F值	9.037***	15.367***	3.451***	4.784***

注：***、**、*分别表示在1%、5%、10%的显著性水平下显著。

模型3验证了企业环境伦理（$\beta = 0.140$，$p < 0.01$）和利益相关者压力（$\beta = 0.365$，$p < 0.1$）对企业竞争优势的显著正向作用，模型4在此基础上验证出企业环境伦理与利益相关者压力的交互项（$\beta = 0.109$，$p < 0.1$）显著正向影响前瞻型环境战略，且 R^2 上升了0.029，改变量大于0.1，可知利益相关者压力正向调节企业环境伦理对企业竞争优势的影响作用，假设H4-6成立。为进一步明晰利益相关者的调节效应，本章把利益相关者压力取均值正负一个标准差，进而说明其变量的调节效应，调节效应模型如图6-1、图6-2所示。

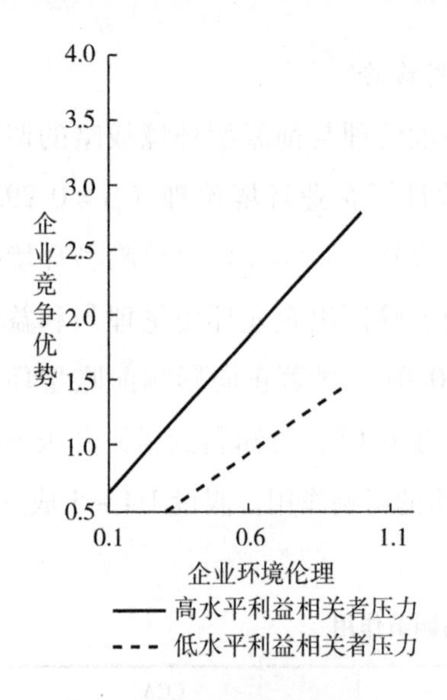

图6-1 利益相关者在企业环境伦理与前瞻型环境战略间的调节效应

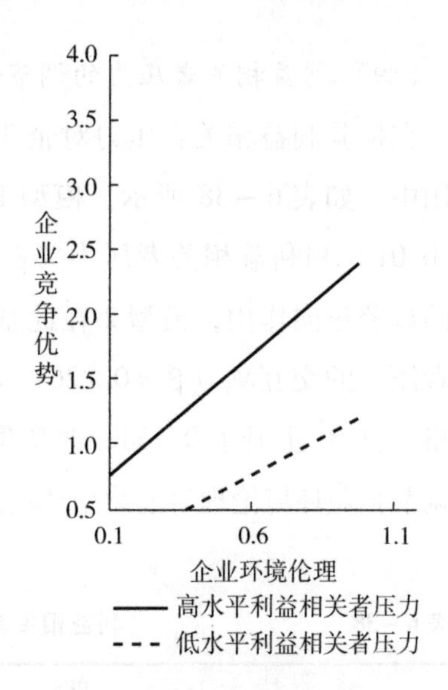

图6-2 利益相关者在企业环境伦理与企业竞争优势间的调节效应

（五）冗余资源的调节作用检验

在检验冗余资源对前瞻型环境战略与绿色创新的调节作用中，首先，前瞻型环境战略（$\beta = 0.259$，$p < 0.01$）与冗余资源（$\beta = 0.166$，$p < 0.01$）对绿色创新的回归系数显著，且前瞻型环境战略与冗余资源的乘积项（$\beta = 0.031$，$p < 0.05$）显著，表明冗余资源总的调节效应显著，

假设 H4－7 成立。另外，本章针对冗余资源与绿色创新进行分维度验证。

表 6－39 模型 1 验证了前瞻型环境战略（$\beta=0.401$，$p<0.01$）和未被吸收的冗余资源（$\beta=0.394$，$p<0.05$）对产品绿色创新的显著正向作用，模型 2 在此基础上验证出前瞻型环境战略与未被吸收的冗余资源的交互项（$\beta=0.092$）对产品绿色创新的影响不显著，且 R^2 下降了 0.012，可知未被吸收的冗余资源不能正向调节前瞻型环境战略对产品绿色创新的影响作用，假设 H4－7a 不成立。同理，模型 3 验证了前瞻型环境战略（$\beta=0.355$，$p<0.01$）和未被吸收的冗余资源（$\beta=0.303$，$p<0.05$）对流程绿色创新的显著正向作用，模型 4 在此基础上验证出前瞻型环境战略与未被吸收的冗余资源的交互项（$\beta=0.176$，$p<0.05$）对流程绿色创新的影响显著，且 R^2 上升了 0.031，改变量大于 0.01，可知未被吸收的冗余资源正向调节前瞻型环境战略对流程绿色创新的影响作用，假设 H4－7b 成立。为进一步明晰未被吸收的冗余资源的调节效应，本章把未被吸收的冗余资源取均值正负一个标准差，进而说明其变量的调节效应，调节效应模型如图 6－3、图 6－4 所示。

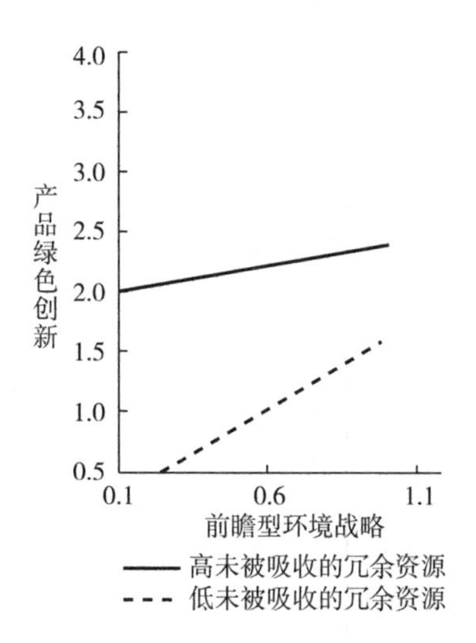

图 6－3　未被吸收的冗余资源在前瞻型环境战略与产品绿色创新的调节效应

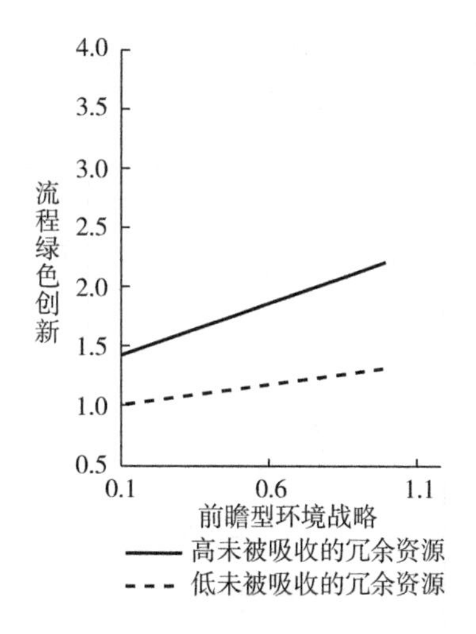

图 6－4　未被吸收的冗余资源在前瞻型环境战略与流程绿色创新的调节效应

表 6 – 39　　冗余资源的调节作用

变量	GPTI					GPSI		
	模型 1	模型 2	模型 3	模型 4	模型 5	模型 6	模型 7	模型 8
SIZE	0.020	0.031*	0.013	0.017*	0.047*	0.051	0.052	0.056
SORT	0.019	0.014*	0.023*	0.037	0.017*	0.015	0.010*	0.026
PES	0.401***	0.507***	0.488***	0.355***	0.200***	0.298**	0.346***	0.422***
*SR*1	0.394**	0.241*			0.359***	0.475**		
*SR*2			0.281*	0.303**			0.023**	0.175**
PES × *SR*1		0.092				0.030**		
PES × *SR*2				0.176**				0.038**
R^2	0.510	0.498	0.447	0.478	0.308	0.323	0.221	0.270
调整 R^2	0.480	0.487	0.427	0.454	0.283	0.298	0.193	0.236
F 值	51.682***	22.488***	41.817***	6.496***	21.745***	23.245***	13.212***	10.220***

注：***、**、*分别表示在 1%、5%、10% 的显著性水平下显著。

在验证已被吸收的冗余资源在前瞻型环境战略与绿色创新间的调节作用时，如表6－39模型5所示，前瞻型环境战略（$\beta=0.200$，$p<0.01$）和已被吸收的冗余资源（$\beta=0.359$，$p<0.01$）对前瞻型环境战略产品绿色创新的显著正向作用，模型6在此基础上验证出前瞻型环境战略与已被吸收的冗余资源的交互项（$\beta=0.030$，$p<0.05$）对产品绿色创新的影响显著，且 R^2 上升了0.015，可知已被吸收的冗余资源正向调节前瞻型环境战略对产品绿色创新的影响作用，假设H4－7c成立。同理，模型7验证了前瞻型环境战略（$\beta=0.346$，$p<0.01$）和已被吸收的冗余资源（$\beta=0.023$，$p<0.05$）对流程绿色创新的显著正向作用，模型8在此基础上验证出前瞻型环境战略与已被吸收的冗余资源的交互项（$\beta=0.038$，$p<0.05$）对流程绿色创新的影响显著，且 R^2 上升了0.049，可知已被吸收的冗余资源正向调节前瞻型环境战略对流程绿色创新的影响作用，假设H4－7d成立。已被吸收的冗余资源的调节效应模型如图6－5、图6－6所示。

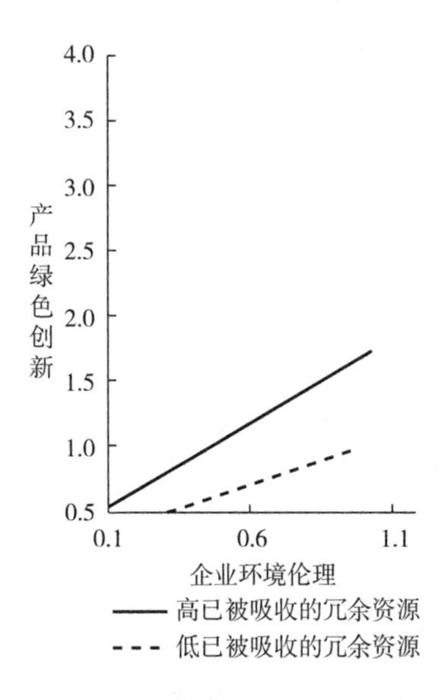

图6－5　已被吸收的冗余资源在前瞻型环境战略与产品绿色创新的调节效应

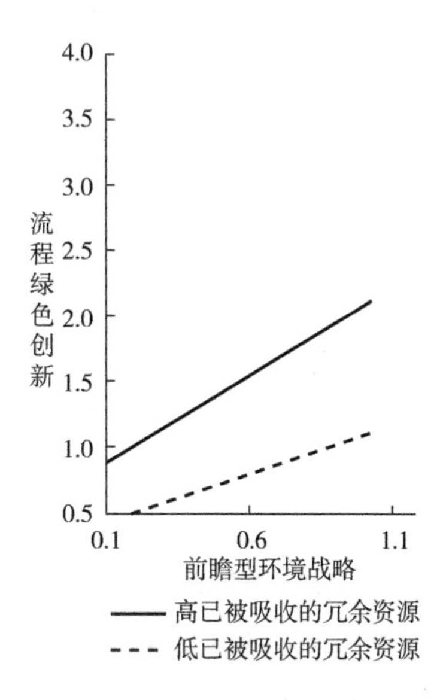

图6－6　已被吸收的冗余资源在前瞻型环境战略与产品绿色创新的调节效应

（六）商业环境动态性的调节作用检验

在检验商业环境动态性对前瞻型环境战略与企业竞争优势的调节作用中，前瞻型环境战略（$\beta = 0.223$，$p < 0.01$）与商业环境动态性（$\beta = 0.143$，$p < 0.01$）对企业竞争优势的回归系数显著，且前瞻型环境战略与商业环境动态性的乘积项（$\beta = 0.024$，$p < 0.05$）显著，表明商业环境动态性总的调节效应显著。假设 H4－8 成立，调节效应模型如图 6－7 所示。

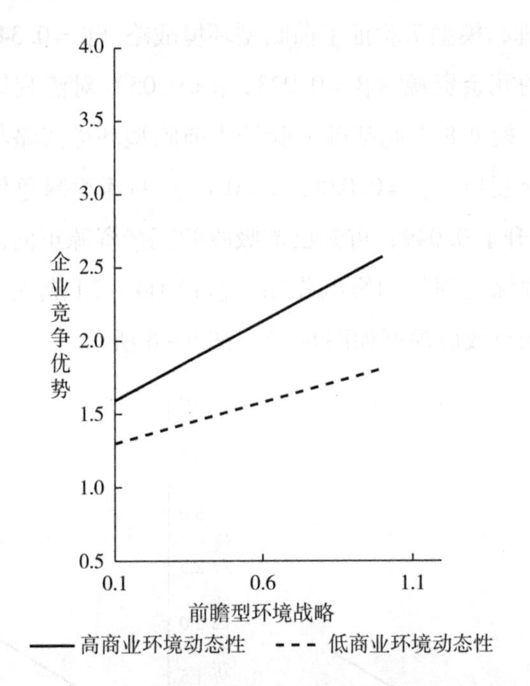

图 6－7　商业环境动态性在前瞻型环境战略与企业竞争优势的总调节效应

（七）调节中介效应检验

1. 利益相关者压力的调节中介效应检验

同样参照 Hayes（2013）提出的有调节的中介模型，本章采用 SPSS 中 PROCESS 宏命令在样本数为 5000 且 95% 置信区间下对变量进行调节中介检验。如表 6－40 所示，利益相关者压力的调节效应置信区间为［0.022，0.093］，不包含0。表6－41通过模型检验，将利益相关者压力均值加减一个标准差来表示高利益相关者压力与低利益相关者压力，检验结果显示，利益相关者高压力略高于利益相关者低压力下的中介作用，置信区间为［0.061，0.161］和［0.069，0.355］，两个结果表明企业环境伦理在前瞻型环境战略的中介作用下受到利益相关者压力的调节作用显著，假设H4－9成立。

表6－40　　利益相关者压力的调节作用

自变量	中介变量	Index	SE（Boot）	BootLLCI	BootULCI
企业环境伦理	前瞻型环境战略	0.076	0.058	0.022	0.093

注：置信区间为95%，Bootstrap＝5000。

表6－41　　利益相关者压力的调节作用

自变量	中介变量	利益相关者压力	Effect	BootLLCI	BootULCI
企业环境伦理	前瞻型环境战略	低	0.069	0.061	0.161
		高	0.183	0.069	0.355

注：置信区间为95%，Bootstrap＝5000。

2. 冗余资源的调节中介效应检验

对于冗余资源的调节中介效应检验而言，首先对冗余资源整体进行验证（见表6－39），如表6－42所示，冗余资源的调节中介效应为0.097，置信区间为［0.109，0.408］，不包含0。表6－43通过模型检验，将冗余资源均值加减一个标准差来表示高冗余资源与低冗余资源，检验结果显示高冗余资源高于低冗余资源下的中介作用，置信区间为［0.022，0.232］和［0.063，0.366］，两个结果表明前瞻型环境战略对绿色创新的中介作用下受到冗余资源的调节作用显著，说明冗余资源的总调节中介作用显著，假设H4－10成立。

表 6-42　冗余资源的调节作用

中介变量 1	中介变量 2	Index	SE（Boot）	BootLLCI	BootULCI
前瞻型环境战略	绿色创新	0.097	0.106	0.109	0.408

注：置信区间为 95%，Bootstrap = 5000。

表 6-43　冗余资源的调节作用

中介变量 1	中介变量 2	利益相关者压力	Effect	BootLLCI	BootULCI
前瞻型环境战略	绿色创新	低	0.097	0.022	0.232
		高	0.184	0.063	0.366

注：置信区间为 95%，Bootstrap = 5000。

其次，本章针对冗余资源与绿色创新进行分维度验证。在验证未被吸收的冗余资源在前瞻型环境战略与绿色创新中调节中介效应时，如表 6-44 所示，未被吸收的冗余资源的调节效应置信区间为［-0.077，0.005］，包含 0。表 6-45 通过模型检验，将未被吸收的冗余资源均值加减一个标准差来表示高未被吸收的冗余资源与低未被吸收的冗余资源，检验结果显示，高未被吸收的冗余资源与低未被吸收的冗余资源下的中介作用相似，并无显著差异，置信区间为［0.016，0.198］和［0.011，0.265］，两个结果表明前瞻型环境战略对于产品绿色创新的中介作用下受到未被吸收的冗余资源的调节作用不显著，假设 H4-10a 不成立。

表 6-44　未被吸收的冗余资源的调节作用

中介变量 1	中介变量 2	Index	SE（Boot）	BootLLCI	BootULCI
前瞻型环境战略	产品绿色创新	-0.027	0.112	-0.077	0.005

注：置信区间为 95%，Bootstrap = 5000。

表 6－45　　　　未被吸收的冗余资源的调节作用

中介变量 1	中介变量 2	利益相关者压力	Effect	BootLLCI	BootULCI
前瞻型环境战略	产品绿色创新	低	0.079	0.016	0.198
		高	0.120	0.011	0.265

注：置信区间为 95%，Bootstrap＝5000。

如表 6－46 所示，未被吸收的冗余资源的调节效应置信区间为［－0.074，0.055］，包含 0。表 6－47 通过模型检验，将未被吸收的冗余资源均值加减一个标准差来表示高未被吸收的冗余资源与低未被吸收的冗余资源，检验结果显示，高未被吸收的冗余资源与低未被吸收的冗余资源下的中介作用相似，并无显著差异，置信区间为［－0.001，0.028］和［－0.001，0.027］，两个结果表明前瞻型环境战略对于流程绿色创新的中介作用下受到利益相关者压力的调节作用不显著，假设 H4－10b 不成立。

表 6－46　　　　未被吸收的冗余资源的调节作用

中介变量 1	中介变量 2	Index	SE（Boot）	BootLLCI	BootULCI
前瞻型环境战略	流程绿色创新	－0.027	0.032	－0.074	0.055

注：置信区间为 95%，Bootstrap＝5000。

表 6－47　　　　未被吸收的冗余资源的调节作用

中介变量 1	中介变量 2	利益相关者压力	Effect	BootLLCI	BootULCI
前瞻型环境战略	流程绿色创新	低	0.009	－0.001	0.028
		高	0.021	－0.001	0.027

注：置信区间为 95%，Bootstrap＝5000。

在验证已被吸收的冗余资源在前瞻型环境战略与绿色创新中调节中介效应时，首先验证已被吸收的冗余资源在前瞻型环境战略与产品绿色创新中的调节中介效应，如表 6－48 所示，已被吸收的冗余资源的调节效应置信区间为［0.055，0.502］，不包含0。表6－49通过模型检验，将已被吸收的冗余资源均值加减一个标准差来表示高已被吸收的冗余资源与低已被吸收的冗余资源，检验结果显示高已被吸收的冗余资源高于低被吸收的冗余资源下的中介作用，置信区间为［0.012，0.228］和［0.017，0.325］，两个结果表明，前瞻型环境战略对于产品绿色创新的中介作用下受到已被吸收的冗余资源的调节作用显著，假设H4－10c成立。

表6－48　　　　已被吸收的冗余资源的调节作用

中介变量1	中介变量2	Index	SE（Boot）	BootLLCI	BootULCI
前瞻型环境战略	产品绿色创新	0.278	0.112	0.055	0.502

注：置信区间为95%，Bootstrap＝5000。

表6－49　　　　已被吸收的冗余资源的调节作用

中介变量1	中介变量2	利益相关者压力	Effect	BootLLCI	BootULCI
前瞻型环境战略	产品绿色创新	低	0.086	0.012	0.228
		高	0.156	0.017	0.325

注：置信区间为95%，Bootstrap＝5000。

同理，在验证已被吸收的冗余资源在前瞻型环境战略与流程绿色创新中的调节中介效应时，如表6－50所示，已被吸收的冗余资源的调节效应置信区间为［0.076，0.404］，不包含0。表6－51通过模型检验，将已被吸收的冗余资源均值加减一个标准差来表示高已被吸收的冗余资源与低已被吸收的冗余资源，检验结果显示高已被吸收的冗余资源高于低被吸收的冗余资源下的中介作用，置信区间为［0.004，0.192］和［0.092，0.390］，两个结果表明前瞻型环境战略对于流程绿色创新的中介作用下受到已被吸收的冗余资源的调节作用显著，假设H4－10d成立。

表 6-50　　　　已被吸收的冗余资源的调节作用

中介变量1	中介变量2	Index	SE（Boot）	BootLLCI	BootULCI
前瞻型环境战略	流程绿色创新	0.260	0.092	0.076	0.404

注：置信区间为95%，Bootstrap=5000。

表 6-51　　　　已被吸收的冗余资源的调节作用

中介变量1	中介变量2	利益相关者压力	Effect	BootLLCI	BootULCI
前瞻型环境战略	流程绿色创新	低	0.082	0.004	0.192
		高	0.219	0.092	0.390

注：置信区间为95%，Bootstrap=5000。

第七章　实证结果讨论

随着我国工业化进程的深入推进，环境污染越发成为阻碍经济发展的重大屏障，与此对应，越来越多的学者尝试从不同领域寻求解决环境问题的途径。在战略管理领域中，环境问题已成为学者探讨的热点与重点。本书基于自然资源基础理论、创新理论和利益相关者理论，通过对制造行业的企业进行深入访谈和实地调研，提出企业环境伦理对企业竞争优势影响的理论模型，深入剖析企业前瞻型环境战略的制定与绿色创新的实施在整个机制中的重要作用。此外，本书将利益相关者压力和冗余资源纳入理论建模的过程中，探索了实现企业商业伦理模型的权变因素。基于系统且详细的数据分析，本章拟对研究结论、理论贡献、管理启示、研究局限与未来展望进行阐述。

第一节　研究结果与讨论

一　研究结果

从以上实证分析可看出，本书的大部分假设均得到了验证，具体如表 7－1 所示。

表7-1　研究假设验证情况汇总

序号	研究假设	验证结果
H4-1	企业环境伦理正向影响企业竞争优势	成立
H4-2	前瞻型环境战略在企业环境伦理和竞争优势之间具有中介作用	成立
H4-3	绿色创新在企业环境伦理与企业竞争优势之间起中介作用	成立
H4-3a	产品绿色创新在企业环境伦理与企业竞争优势之间起中介作用	成立
H4-3b	流程绿色创新在企业环境伦理与企业竞争优势之间起中介作用	成立
H4-4	前瞻型环境战略和绿色创新在企业环境伦理和企业竞争优势间具有链式中介作用	成立
H4-4a	前瞻型环境战略和产品绿色创新在企业环境伦理和企业竞争优势间具有链式中介作用	成立
H4-4b	前瞻型环境战略和流程绿色创新在企业环境伦理和企业竞争优势间具有链式中介作用	成立
H4-5	利益相关者压力正向调节企业环境伦理对企业竞争优势的影响	成立
H4-6	利益相关者压力正向调节企业环境伦理对前瞻型环境战略的影响	成立
H4-7	冗余资源正向调节前瞻型环境战略对绿色创新的影响	成立
H4-7a	未被吸收的冗余资源正向调节前瞻型环境战略对产品绿色创新的影响	不成立
H4-7b	未被吸收的冗余资源正向调节前瞻型环境战略对流程绿色创新的影响	成立
H4-7c	已被吸收的冗余资源正向调节前瞻型环境战略对产品绿色创新的影响	成立
H4-7d	已被吸收的冗余资源正向调节前瞻型环境战略对流程绿色创新的影响	成立
H4-8	商业环境动态性正向调节企业环境伦理对企业竞争优势的影响	成立
H4-9	利益相关者压力调节了前瞻型环境战略在企业环境伦理和企业竞争优势间的中介作用	成立
H4-10	冗余资源调节了绿色创新在前瞻型环境战略和企业竞争优势间的中介作用	成立
H4-10a	未被吸收的冗余资源调节了产品绿色创新在前瞻型环境战略和企业竞争优势间的中介作用	不成立
H4-10b	未被吸收的冗余资源调节了流程绿色创新在前瞻型环境战略和企业竞争优势间的中介作用	不成立

续表

序号	研究假设	验证结果
H4－10c	已被吸收的冗余资源调节了产品绿色创新在前瞻型环境战略和企业竞争优势间的中介作用	成立
H4－10d	已被吸收的冗余资源调节了流程绿色创新在前瞻型环境战略和企业竞争优势间的中介作用	成立

二　研究结论

将环保问题融入企业战略层面已得到广大企业家和研究者的认可，但对于怎样从企业根源和价值观认知上提升企业整体对环境问题的理解与认同以提升企业的竞争优势，依旧是学术界和实践界的重点与难点问题。本书即围绕这个问题进行了深入分析，得到以下结论。

1. 企业环境伦理对企业竞争优势具有正向影响

从企业社会责任角度出发，企业在创造利润的同时，需对环境和社会履行相应的义务，使环境问题从企业经营外的威胁转变为企业战略中的必要一环，帮助企业获得竞争优势。但是，与为避免环境处罚而被动采取的末端治理行为相比，如何从思想根源上认识到环境对企业长远发展的重要性仍是企业面临的难题。本书通过实证研究制造行业的企业，验证了企业环境伦理体系的构建能够有效提升企业可持续发展水平，增强企业竞争优势。企业通过从内部主动构建环境伦理价值观体系、建立企业环保文化、明晰企业应对环境问题的正确态度、制定环保相关政策规则，树立了企业在环境保护方面正确的伦理观、道德观与价值观，使企业能够从思想根源上认知到环境伦理对于企业长期发展的重要意义，不仅为企业树立良好的绿色口碑，也使企业获得进入绿色市场的先驱优势，形成相较于其他竞争者的差异化优势。企业竞争优势虽然具有延时性，但本书所指的竞争优势也并非局限在某个时间点，而是强调企业在一段时间内所获得的某种难以被竞争者轻易模仿与取代的资源与能力，帮助企业开拓市场并树立良好形象，使企业实现竞争优势。

2. 前瞻型环境战略与绿色创新的中介作用

基于自然资源基础理论，企业在寻求自身发展的同时应关注自然资源的保护与企业的可持续发展。处理好企业发展与环境方面的问题是企业迎合消费者绿色偏好、树立良好口碑并提升竞争力的有效途径，也是获得竞争优势的关键。与其他类型的环境战略相比，前瞻型环境战略将环境问题视为机遇，进而主动在产品生命周期中将绿色元素贯穿始终，即在源头上杜绝污染，提升企业效率和竞争力。通过本书的实证分析，验证了前瞻型环境战略在企业环境伦理和企业竞争优势间发挥的中介作用。研究结果显示，构建企业环境伦理的企业通过在组织内部建立企业关于环保的绿色文化，从伦理道德、伦理规则、伦理监督、伦理沟通等方面帮助企业培养了关于环境保护的认知，使企业内部从思想上理解企业进行积极环境管理的意义，有助于营造促进企业制定前瞻型环境战略的环境伦理氛围。此外，根据研究结果，在构建环境伦理的过程中，伦理惩戒机制的建立，即对组织内部进行环境伦理约束，有助于组织在认知和行为上符合环境伦理要求，督促企业主动制定环保程度最高的前瞻型环境战略。企业在具体实施过程中时时按照环境伦理进行，形成环境管理制度和环境生产标准，这种严格的自我约束使企业在市场中获得更强的竞争力，促进企业竞争优势的建立。

根据创新理论，污染是资源无效使用的体现，而创新是采取新技术与新方式改良原有生产经营以提高资源利用效率的过程，优先进行绿色创新的企业将获得溢价带来的补偿并作为“先驱者”获得企业竞争优势。绿色创新相较于传统创新更具环境正外部性特点，即除传统创新带有的正溢出效应外，对环境污染防治还起到正外部效应，降低了外部环境的负影响。本书依据诸多学者的分类方式，按照创新对象将绿色创新分为产品绿色创新和流程绿色创新。依据实证研究结果，验证了产品绿色创新和流程绿色创新在企业环境伦理和企业竞争优势间均具有中介效应。具体来说，通过构建企业环境伦理体系，企业能够在道德伦理的伦理监督下自觉采取创新性的实践，在生产流程中研发新型环境设备、开发清洁技术以降低生产过程中的资源与能源的消耗，在产品研发和生产过程中提升产品绿色性能，在设计、包装等环节融入环保元素以降低产品生命周期全过程对环境的损害。无论是产品绿色创新还是流程绿色创新，其在技术和研发上都对其他同行业竞争者构成了进入壁垒，使竞争者难以轻易模仿。

本书除分别验证前瞻型环境战略和绿色创新在企业环境伦理和企业竞争优势间的中介作用外，同时对"资源—行为—优势"的管理学范式进行扩展，形成了"伦理资源—战略制定—企业行为—优势产出"的新思路并构建链式中介模型。通过实证研究发现，"环境伦理—环境战略—绿色行为—竞争优势产出"的链式中介模型成立，且通过比较分析得到，前瞻型环境战略与产品绿色创新的链式中介作用强于前瞻型环境战略与流程绿色创新的链式中介作用。这表明在企业环境伦理体系鼓励并督促企业制定前瞻型环境战略的背景下，相较于流程绿色创新，这种主动的环境战略更易激发组织关于产品改良的思考，即在此战略下，相较于提升清洁生产技术和设备，企业更关注提升产品在包括设计、研发、包装、回收等产品生命周期内的环保性能，降低能源与资源的消耗，提高企业环境管理体系效率，激发组织关于环保的高阶学习能力并形成良好循环，促进企业实现竞争优势。

3. 利益相关者压力与冗余资源的调节作用

本书对利益相关者压力的调节作用进行了深入的探讨。首先，根据实证研究结果，利益相关者压力的增强能够加强企业环境伦理对前瞻型环境战略关系的强度，促使企业开始关注环境管理，且在较强的利益相关者压力下，企业构建环境伦理体系更能对前瞻型环境战略的制定产生积极影响。这表明政府、环保组织、股东等对企业环境问题的密切关注、媒体对环境不断加大的披露力度、消费者对绿色偏好的日益提高等使企业不得不主动改变原有生产经营方式，将绿色理念融入企业全方面管理中，制定符合环境伦理道德的前瞻型环境战略，将环保价值观付诸实践，以满足各利益相关者的诉求与期望。其次，实证结果也表明，利益相关者压力在推动企业环境伦理形成企业竞争优势过程中具有调节作用，较强的利益相关者压力能够使企业环境伦理对企业竞争优势的实现产生更大的影响作用。这说明在较强的利益相关者压力下，企业出于外界对环保问题的关注不得不加大对环境管理的认知与实践力度，如增加环境管理系统、建立关于环保的组织文化与价值观、树立良好的企业环境责任形象，以满足各方利益相关者对企业的期望并迎合日益增多的市场绿色需求，使企业竞争优势更为凸显。

基于资源基础理论，资源可转化为独特能力，且不可流动、难以模仿，是企业实现差异化竞争优势的源泉。将企业资源进行整合是企业战略管理中的重要任务，进而实现资源的更优配置，提升企业战略协调能力。冗余资源对于企业而言，是通过重新调控闲置资源以促进企业资源优化。本书依照已有文献对冗余资源进行最普遍的分类，将其分为未被吸收的冗余资源和已被吸收的冗余资源。研究结果表明，冗余资源能够调节前瞻型环境战略对绿色创新的关系强度，且冗余资源越多的企业，越易拥有较多可用于前瞻型环境战略决策的资源，更好推动企业进行产品革新和技术开发。其中，根据研究结果，未被吸收的冗余资源，如现金、贷款等金融资源能够减轻企业决策制定过程中由于资金不足带来的阻碍，使企业能够投入闲置资本以提升环境管理水平，并形成路径依赖，能够促进环保理念与清洁技术和工艺研发的不断结合，实现流程绿色创新。而对于已被吸收的冗余资源，如人员配置、设备、厂房等，根据研究结果，这些已被组织吸收的冗余资源是组织行为的助推器，能够在已取得的成果基础上进行升级转化，引导企业对新产品和新流程进行绿色创新，进而更好地推动产品的更新设计、研发与回收。此外，冗余资源的存在也为企业进行绿色创新提供了一种环境缓冲，减少企业在开发新产品与流程过程中遇到的困难，提升企业对绿色创新这种新式环保创新的风险承受能力，促进企业更好且更有效地落实前瞻型环境战略，推动企业可持续发展。

但是，未被吸收的冗余资源对前瞻型环境战略与产品绿色创新关系的调节作用并不显著。由于未被吸收的冗余资源相对于已被吸收的冗余资源更具流动性和灵活性，难以具有专项用途，且绿色创新相对于日常经营更具风险性，因而企业受经营惯性影响更易将这些转换程度高的闲置资本用于企业日常经营中，难以将其用于具有风险的新产品的研发上（李晓翔和刘春林，2013）。

4. 商业环境动态性的调节作用

本书对商业环境动态性的调节作用进行了深入的探讨。首先，根据实证研究结果，商业环境动态性能够督促企业履行环境责任，增强前瞻型环境战略对企业可持续发展的关系强度。商业环境的不断变化可督促企业不断更新清洁技术和企业关于环境伦理的要求，鼓励企业成员更深度地参与到企业环境管理中来。研究结果显示，在高商业环境动态性下，企业面对不断变化的商业环境，为保持可持续优势，更要不断改良技术并适应不断变化的市场需求和竞争，以打破企业僵化的管理局面和模式，而且企业对环境责任的承担更能对其竞争优势的获得产生正向影响。

5. 利益相关者压力与冗余资源的调节中介作用

由于现有研究多是从单一角度探究中介效应，因此，其研究结果并不完全，针对该问题，本书引入利益相关者压力和冗余资源，进一步探讨模型的中介效应。结果表明，利益相关者压力调节了前瞻型环境战略在企业环境伦理和企业竞争优势间的中介作用。这表明随着利益相关者压力的不断增加，企业不得不更多考虑环保问题对企业发展的影响，从而促使企业更加积极主动地应对环境问题，从伦理认知上强调环境管理思想并将其更好地落实在企业绿色实践中，在帮助企业应对环境挑战的同时也获得差异化竞争优势。

而在冗余资源对绿色创新的调节中介效应验证中，研究所得结果不一。实证研究结果虽然证实了总体冗余资源在前瞻型环境战略与绿色创新中的调节中介作用，但分维度验证的结果显示，只有已被吸收的冗余资源能够调节绿色创新在前瞻型环境战略与企业竞争优势间的中介作用。而无论是产品绿色创新还是流程绿色创新，未被吸收的冗余资源都不能调节二者的中介作用。猜测原因涉及两个方面。首先，未被吸收的冗余资源多是现金、贷款等金融资产，并不直接转化为绿色创新实践所需，因而未被吸收的冗余资源转化为产品绿色创新及流程绿色创新需要一定的过程和时间，难以及时体现。其次，由于未被吸收的冗余资源更具灵活性，企业将更多资金冗余用于企业现有核心业务拓展与市场开发中，且不同企业利用未被吸收的冗余方式和用途也均有不同，难以一概而论。

第二节　理论贡献

第一，本书结合了管理学和生态学内容，从企业伦理视角，探索了企业环境伦理与企业竞争优势的深层关系。以往研究多是关注企业伦理对组织整体发展的单一影响。在环境问题日益严峻的当下，企业需将环境问题贯穿于企业方方面面，但关于怎样将这种环保理论融入企业思想认知的根源目前研究仍较缺乏。本书从“资源—优势”的视角切入，从内部伦理资源角度对企业环境管理进行了更深层的补充，弥补了仅从外部环境规制、市场竞争等视角对环境管理研究的不足，探究了其对竞争优势的影响机制，为环境管理研究提供了理论依据和思路。

第二，本书尝试提出前瞻型环境战略与绿色创新的链式中介模型并进行了验证和对比分析，改变了以往研究者对前瞻型环境战略和绿色创新的研究视角，拓展了战略管理中的研究范式和思路。虽然已有学者提出前瞻型环境战略与绿色创新对企业竞争优势均具有积极关系，但忽略了影响前瞻型环境战略和绿色创新产生的企业更为深层的内部伦理驱动，缺少企业通过内部资源形成竞争优势的整合模型研究。由于企业行为会受到企业认知与资源的影响，本书在企业环境伦理价值观下探讨其对前瞻型环境战略、产品绿色创新和流程绿色创新行为的影响，进而挖掘其对企业竞争优势形成的影响作用。鉴于此，本书在“资源—行为—优势”管理学范式的基础上进行拓展，将前瞻型环境战略与企业绿色创新引入模型中，形成了“伦理资源—战略制定—创新行为—优势产出”的新理论框架，并依此建立了企业环境伦理影响企业竞争优势的链式中介模型，验证了前瞻型环境战略与绿色创新在其中的链式中介效应，丰富了绿色创新和企业竞争优势的理论研究。

第三，诸多研究在进行环境管理研究时仅进行单一因素的边界分析，使研究结果并不全面。基于此，本书以商业环境动态性作为主要权变因素并以企业利益相关者压力和企业冗余资源作为双重因素进行边界分析，为环境战略管理领域提供新的探索角度和理论模型。本书首先将商业环境动态性引入模型，探索了其在产品绿色创新与企业建立绿色竞争优势关系中的调节效应并建立了被调节的中介模型，改变了以往对产品绿色创新与企业绿色竞争优势的单一模型研究，丰富并强化了绿色管理理论和竞争优势理论。其次，虽然现有研究在利益相关者压力研究方面已取得丰富的理论成果，但仍然较少有研究关注利益相关者针对环境问题施加的压力，同时，很多研究将利益相关者压力视为自变量的前置因素，但忽略了其在战略管理中的调节作用。基于此，本书将利益相关者压力视为调节企业环境伦理对前瞻型环境战略和企业竞争优势的调节变量，明确了其对企业环境管理的影响，丰富了自然资源基础理论和利益相关者理论的研究成果。最后，企业在发展过程中离不开资源的利用与配置，但企业在长期经营过程中，往往忽略了闲置资源的重新配置问题，使企业效率难以充分提高，因而本书在研究中引入冗余资源作为调节变量，从企业内部资源方面深入分析并挖掘企业资源潜力，增强了前瞻型环境战略与产品绿色创新、流程绿色创新的关系强度，有助于企业环保实践的开展，丰富了企业环境战略与绿色创新的相关研究。

第三节　管理启示

第一，本书促使企业对自身环境问题进行反思，提高其对企业环境伦理的重视程度。在重视软实力的当下，企业成功的标准已不再仅是追求利润率等硬指标，而是将眼光放长远，着重于提升企业竞争力，并将企业社会责任与环境责任考量纳入企业日常经营。企业建立环境伦理体系，从本质上讲，也是培养企业内部在环境保护问题上的积极态度，促进维护企业运营与环境伦理间的平衡，因而企业应重新审视以往非环境伦理行为，主动构建企业内部环境伦理体系，积极促进并整合企业环境伦理道德规则与价值观，帮助企业内部（包括管理者和普通员工）树立良好的伦理观，以形成良好的绿色氛围，为指导企业制定环境战略、实施环保行为提供伦理依据。

具体来说，首先，管理者可通过环境伦理体系着重培养企业对环境保护行为的认知与理解，扩宽企业管理者关于处理环境问题的视野，可提升企业对环境问题管理的规范程度。其次，由于国家对环境问题的相关政策与法规的不断出台与更新，企业通过主动构建环境伦理体系也可激发企业内部关于绿色行为的创新。由此可见，建立企业环境伦理体系是必要的。企业应建立内部环境伦理制度，通过明确的企业环保规定与准则引导并规范企业员工行为，建立专门的监督机制，明确环境行为的责任制，督促企业履行企业环境伦理的义务，使其能够在具体实践的过程中自觉依照企业环境章程予以应对。再次，企业应组织环保主题的讲座，积极构建企业绿色文化，宣传关于绿色环保的伦理道德，强化企业绿色理念，使企业能够认识到以往生产方式对环境的损害并理解企业建立环保、绿色的工作环境与氛围的必要性。最后，企业可在招聘过程中关注具有环境道德认知的员工并在其进入企业后通过教育与培训强化他们的环境伦理观，挖掘他们关于环保的潜能，使企业新晋成员能够在认知上形成环境规范与价值观，更好地指导日后实践。同时，企业还应依照企业的环境伦理标准更优地选择与企业业务往来的供应商、战略合作伙伴等，使企业环境伦理价值观得到彻底贯彻与落实并最终形成网络效应。由于环境问题的复杂性与多变性，企业在关注环境本身的基础上还应结合伦理、战略、技术、产品、资源、人力等因素的动态交互，从而更好地促进企业环境管理，帮助企业获得差异化的竞争优势。

第二，重视环境问题对企业发展的重要性，积极制定前瞻型环境战略。对于企业而言，当务之急是认识到环境问题对企业长远发展的重要性，将以往采取的被动式战略予以修正，从产品生产、技术加工、设备采购等源头消除污染，而非简单采用末端治理方式逃避法律制裁。换言之，企业应认识到对环境进行投资的必要性，提升企业社会责任感，主动制定更积极的环境战略，这不仅是企业要履行的重要环境义务，也是企业获得竞争优势的重要途径。

企业环境战略的制定需要企业统筹各职能部门、运营系统和控制系统并将环境问题纳入企业整体战略计划中。随着绿色理念不断深入，市场绿色化趋势日益明显，前瞻型环境战略的制定不仅满足了企业遵守环保法规、免于责罚的要求，还使企业能够提早进行战略布局，提升消费者满意度，使企业具有先动优势。因此，对于企业管理者来说，制定前瞻型环境战略必不可少。企业可结合自身情况制定与之契合的环境目标并积极承担环境责任，将绿色理念贯穿于企业生产经营全过程。同时，前瞻型环境战略的制定也需不同职能部门的合作，各部门可根据不同职能为企业制定更具体的环境规划和保障措施，使企业制定的战略更符合企业的实际情况。此外，企业在制定并执行前瞻型环境战略的过程中应建立环境管理标准体系并成立环境管理部门，以帮助企业更好地落实环境战略，推动企业不断更新绿色技术、购买高污染排放标准的环保设备、学习先进的生产与管理技术，帮助企业更好地应对外界严峻的环境问题。

第三，深化培养企业绿色创新思维，切实将环保理念融入产品与生产流程之中，深入挖掘企业内部绿色创新潜力。但是，企业进行绿色创新也伴随着未知的风险，这需要企业充分发挥绿色创新主体的作用，如提高处理环境问题的效率与能力，改善组织内关于产品和流程的绿色化机制，深入开发绿色市场等，有效推动企业绿色创新发展。企业建立绿色文化与伦理价值观有助于理解并探索企业内部绿色化进程，促进企业资源配置的优化和管理结构的调整，不仅有助于提升产品部门的研发水平，也帮助企业提高绿色创新能力，推动不同部门的协同发展。

此外，企业应建立健全企业绿色循环体系，促进资源的合理配置与循环利用，尤其是不能忽略闲置资源的再开发与再使用。制造业是高污染行业，其排放的废水、废气与废料对自然环境具有极大的污染，基于此，企业应不断提升内部资源利用效率，在产品设计、加工流程设备与技术等方面，着重考量其环保性能与循环利用属性，以提升资源的利用率并满足市场中不断呈现的绿色化需求，不仅能够帮助企业更好地平衡经济效益与环境效益，也能够获得其他竞争者无法模仿的优势。

第四，面对不断变化的商业环境，企业应把握市场最新动态。一方面，当感知到高商业环境动态性时，企业应提高绿色产品创新转换效率，把握市场需求和技术更迭变化的趋势，及时调整产品加工和生产。提高产品流通设施的对外开放水平，可以实现一种迅速吸收外界最新技术与理念的协调机制，进而推动企业成为行业先驱，形成绿色竞争优势。另一方面，当企业处于较稳定的商业环境时，仍要摆脱“认知惯性”所造成的发展懈怠，需要不断深化产品绿色创新，积极将已有资源转化为组织优势。同时，面对动态的商业环境，也应不断提高企业管理层对环境机会的识别与认知，以应对外在不断变化的技术和市场。为能更好地应对环境挑战，帮助企业更好地履行环境责任，企业应整合内部资源能力与外部环境之间的关系，着重发挥管理群体在认识环境机会重要作用的同时提高对环境动态的敏感度。

另外，京津冀地区、长三角地区、东北地区和珠三角地区都有较为密集的高校和科研机构，这些高校与科研机构组成了地区的创新和科技研发中心。企业应结合自身的便利地理位置因素积极推动与这些高校和科研机构的合作，不断发掘创新技术、引进高技术人才，将单一绿色创新思维转变为多项绿色创新思维，共同构建产学研一体的绿色创新合作机制，为企业绿色性与创新性提升注入新的活力，更为全面地提升企业绿色创新水平。企业应建立健全企业员工绿色知识与技能的培训机制，与时俱进地更新与绿色创新相关的各项知识技能，及时督促员工学习最新环保技术并引进污染处理能力更强的设备，优化企业产品设计与流程清洁工艺，为绿色产品创新和绿色流程创新研发提供知识与技术上的保证。

第五，听取利益相关者对企业环境方面的诉求与建议并建立反馈机制积极处理与利益相关者的关系。目前诸多企业仅将关注点集中于企业核心业务上，忽略了利益相关者关于企业的诉求，因而本书在企业管理者有效开展环境行为过程中发挥启示作用。

首先，企业应正面认识利益相关者对企业的作用并主动对利益相关者进行调研与访谈，以获取利益相关者在企业发展方面的诉求和期望，有助于企业在建立环境伦理观和制定战略前的精准定位，了解社会对企业战略布局的期望，满足市场要求并树立良好的企业形象。

其次，企业应主动将企业利益相关者压力与企业环境管理进行有机整合，为企业制定有效环境战略提供指引和依据，也为企业开展绿色实践提供启示性建议。作为企业管理者，应承担起把握企业总体战略部署和监控企业行为的双重任务，因而在面对不同利益相关者压力，如政策压力、舆论压力等时，应灵活转变思路，从以往被动应对转为主动响应，将利益相关者压力引发的企业社会责任议题纳入企业决策程序并建立相应的实施机构或企业社会责任管理部门来专门处理利益相关者对企业的诉求问题，促进企业更好地承担社会责任，不仅提高企业与其多方利益相关者的关系质量，也促使企业形成差异化的优势。

最后，企业还应及时完善利益相关者压力的反馈机制，如主动探索清洁生产的技术与工艺、及时发布企业可持续发展报告、为企业员工提供绿色工作环境、积极参与社会环保实践树立企业绿色形象等、主动向媒体及公众汇报企业环境责任履行情况，全面提升企业对利益相关者的响应机制并积极推进企业—政府—客户的共商机制，促进企业竞争优势的建立。

第六，进一步挖掘企业现有资源，尤其是关注企业闲置资源，并积极主动地将这些冗余资源重新配置以提升企业生产效率，促进企业革新。企业冗余资源可作为互补性资产，有助于企业降低绿色创新的风险，提升企业绿色实践效果，使企业更大程度地将前瞻型环境战略落实于企业行为中，提升企业资源整合能力、环境适应能力与绿色创新能力。根据本书研究结论，企业管理者应将闲置现金、金融、厂房、人力等资源重新整合并再次配置，构建企业合理的企业资源体系，使冗余资源的潜在价值能够得到最大化实现。

首先，企业应建立健全激励机制，最大限度地激发管理者合理调配冗余资源的能力。由于冗余资源的存在也与管理者的懈怠心理相关，因而企业应采取将管理者利益与企业绩效相关联等方式，鼓励企业管理者主动将冗余资源进行升级改造，使其转化为企业可使用的资源并进行再配置，提升企业资源流动性并降低企业储存成本。

其次，由于冗余资源是一种特殊资源，且企业对冗余资源的认知不足或配置不当易造成企业负向发展，因此，企业需对其内部冗余资源进行细分。本书发现，不同类型的冗余资源对企业绿色实践具有不同的影响，其中，未被吸收的冗余资源由于具有更高的可判别性和可利用性，对企业产品设计、清洁技术与工艺的研发具有正向影响作用，这暗示企业应将更多现金、金融资产等资源投入企业产品、技术、知识等创新领域中，解锁污染排放更低、工艺更环保的产品与工艺，为企业进行产品绿色创新和流程绿色创新提供技术支持。此外，本书验证了已被吸收的冗余资源对企业产品绿色创新具有正向影响作用，且已被吸收的冗余资源能够使前瞻型环境战略在企业中得到更好的落实，这表明企业管理者不能忽略已被吸收的冗余资源对企业的重要作用。企业要始终以顾客需求为导向，积极动员将绿色理念延伸至企业整个产品生命周期，更深地挖掘已有资源的潜在价值，积极改造现有设备和技术，使其能够被绿色实践所用，增强企业产品的环保性和绿色性。

最后，诸多企业为保证企业日常经营，会逃避绿色创新实践带来的风险，对企业环境管理的投入多局限于已有设备的更新与改造，对资本投入仍较谨慎。但是，绿色实践不应局限于此，企业还应不断投入金融资本以搜集、识别、评估与利用绿色创新知识与技术，构建企业柔性化管理，提升产品环保性能、强化节能减排，使企业在市场中具有差异化的竞争优势。

第四节　研究局限与展望

一　研究局限

本书构建了企业环境伦理与企业竞争优势的研究框架，分析了前瞻型环境战略与绿色创新在模型中的中介作用，识别了利益相关者压力和冗余资源的调节作用，得到了一些有意义的结论，但由于受时间、空间、成本等因素限制，本书也存在一些局限。

第一，在行业选取方面，制造业既是中国经济转型的重要经济支柱产业，也是对自然资源与环境造成极大威胁的产业，因而本书将调研对象选择为制造业具有重要的意义。但是，受诸多条件限制，本书仅对部分制造业（如汽车制造、医药制造、化工等行业）进行调研，并不代表本书结论完全适用于其他行业。未来研究可将样本量扩展到其他行业，如旅游业、农业、建筑业等，进一步提高研究结论的普适性，丰富企业环境管理的研究成果。

第二，在研究方法上，由于本书采取调研的方式验证研究假设，在填写问卷中受访者易受抑制性动机或社会赞许效应的影响，共同方法偏差难以避免。而在验证共同方法偏差过程中，本书主要采取控制不同职位与员工数量和 Harman 单因子验证方法，虽然在一定程度上验证了所收集问卷的共同方法偏差影响程度，但仍存在一定的局限。未来研究可进一步探索更为复杂且精密的措施和验证方法对共同方法偏差进行控制和检验。此外，本书虽在问卷中强调了企业需评估三年内的相关发展状况并进行问卷填写，但仍存在局限。未来研究将进一步关注企业环境伦理体系构建的全过程并评估相关变量的动态变化，追踪企业落实企业环境管理和获得竞争优势的情况，为企业可持续发展提供更全面的建议。

二　研究展望

虽然本书从企业内外部角度探索了企业环境伦理对企业竞争优势的影响机理，但通过研究也发现了未来需要探索的方向。

第一，关注企业环境伦理的评价体系构建过程。我国对于企业环境伦理的研究处于起步阶段，虽然有文献对企业环境伦理的影响与驱动力进行分析，但仍缺少对企业环境伦理体系构建效果的研究。同时，在企业实践的过程中，企业整体环境伦理体系的评价指标和标准都未明确，使企业难以客观衡量其环境伦理水平。基于此，未来研究可针对企业环境伦理的具体内容，构建企业环境伦理的评价体系，帮助企业进一步量化环境伦理，推动企业可持续化发展。

第二，拓展企业环境责任相关研究，从个体层面探索企业环境伦理对员工和领导者行为、绩效的影响。目前研究主要从企业智力资本、绩效等企业层面探讨企业环境伦理的影响，本书也验证了企业环境伦理对企业环境战略、绿色创新行为和企业竞争优势的影响。但是，员工作为企业制定和执行决策的主体，对企业实践具有重要作用。因此，未来研究可进一步将企业环境伦理的研究拓展至个体层面，探索员工在企业环境伦理影响下的认知与行为以及这些行为对企业发展的作用，有助于企业更好地构建环境伦理体系，承担环境责任。

附　　录

调查问卷

亲爱的朋友：

您好！非常感谢您在百忙之中填答此问卷。我们正在进行一项学术研究，本次调研大概需要占用您五分钟的时间，采取匿名的方式进行，您的所有信息我们都将严格保密，绝不另作他用或向第三方披露。您的答案无对、错之分，只希望您能真实反映公司的现状。

请根据您的看法，针对相关题目内容的重要程度或与贵公司的符合程度作答。再次感谢您真诚的参与！

基本资料

1. 您的性别：□男　　□女

2. 您的年龄：□30 岁及以下　□31—40 岁　□41—50 岁　□50 岁以上

3. 教育程度：□初中及以下　□高中　□大专　□本科　□硕士及以上

4. 月收入：□3000 元及以下　□3001—5000 元　□5001—7000

元 □7001—9000 □9000 元以上

5. 职位： □总裁、CEO □人事经理 □生产经理 □财务经理 □信息统计经理 □研发经理 □环保部门经理 □其他

6. 所处行业：□农副食品加工 □烟草加工业 □造纸及印刷业 □医药制造业 □木材、家具制造业 □汽车制造业 □铁船、船舶、航空航天及交通运输设备制造业 □计算机、通信和其他电子设备制造业 □石油加工及炼焦业 □化学原料和化学制品制造业 □其他制造业

7. 贵公司的员工数量：□100 人以下 □100—299 人 □300—499 人 □500—699 人 □700—899 人 □900 人及以上

8. 贵公司的经营形态：□国有 □外企 □合资 □私企

9. 贵公司所处地区：□东北地区 □京津冀地区 □长三角地区 □珠三角地区

10. 贵公司地点：____________

一 企业环境伦理

编号	题项	完全不符合⟷完全符合
A1	企业拥有明确且具体的环保政策	1 2 3 4 5 6 7
A2	企业具有明确的环境规章制度	1 2 3 4 5 6 7
A3	企业的预算计划中考虑了对环境的投资和采购	1 2 3 4 5 6 7
A4	企业已将环境计划、愿景或使用与市场活动相结合	1 2 3 4 5 6 7
A5	企业已将环境计划、愿景或使用与企业文化相结合	1 2 3 4 5 6 7
A6	企业对员工进行与企业环保文化相关的沟通或培训	1 2 3 4 5 6 7

二　企业竞争优势

编号	题项	完全不符合←→完全符合
B1	过去三年中，与竞争对手相比，企业具有较高的销售收入增长率	1　2　3　4　5　6　7
B2	过去三年中，与竞争对手相比，企业保持较高的利润增长率	1　2　3　4　5　6　7
B3	过去三年中，与竞争对手相比，企业具有较高的市场占有率	1　2　3　4　5　6　7
B4	过去三年中，与竞争对手相比，企业研发能力更强	1　2　3　4　5　6　7
B5	过去三年中，与竞争对手相比，企业管理能力更强	1　2　3　4　5　6　7
B6	过去三年中，与竞争对手相比，企业所提供的产品或服务质量更优	1　2　3　4　5　6　7

三　前瞻型环境战略

编号	题项	完全不符合←→完全符合
C1	公司在制定目标和战略时，充分考虑环境问题	1　2　3　4　5　6　7
C2	企业会主动处理在经营活动过程中产生的环境问题，如处置有毒废物等	1　2　3　4　5　6　7
C3	企业会主动采取行动，如回收废旧产品、改进技术等，以减少废料或废气的排放	1　2　3　4　5　6　7
C4	企业增加了清洁能源的使用，如风力发电、使用天然气等	1　2　3　4　5　6　7
C5	企业定期进行生态环境评估及内部审查	1　2　3　4　5　6　7
C6	企业员工会参与企业环境相关的培训	1　2　3　4　5　6　7
C7	企业在设计及开发产品过程中考虑到环境标准	1　2　3　4　5　6　7
C8	企业目前使用了清洁技术和对环境友好的工艺	1　2　3　4　5　6　7

续表

编号	题项	完全不符合⟷完全符合
C9	企业在选择供应商时会考虑环保因素	1 2 3 4 5 6 7
C10	企业在产品的包装设计中加入环保因素，如尽量少地使用塑料制品	1 2 3 4 5 6 7

四 绿色创新

1. 产品绿色创新

编号	题项	完全不符合⟷完全符合
D1	企业在产品开发和设计过程中使用了对环境无害的材料	1 2 3 4 5 6 7
D2	企业在产品开发和设计过程中选择了消耗能源和资源最少的原材料	1 2 3 4 5 6 7
D3	企业在产品开发和设计过程中使用构成产品最少的材料	1 2 3 4 5 6 7
D4	企业在产品开发和设计中会仔细撕开产品成分是否有易于回收、再使用和可降解因素	1 2 3 4 5 6 7

2. 流程绿色创新

编号	题项	完全不符合⟷完全符合
D5	企业在生产过程中有效减少了有害物质或废物的排放	1 2 3 4 5 6 7
D6	企业在生产过程中会回收废物与废料并对其进行处理与再利用	1 2 3 4 5 6 7
D7	企业在生产过程中减少水、电、煤或油的消耗	1 2 3 4 5 6 7
D8	企业在生产过程中减少了原材料的使用	1 2 3 4 5 6 7

五　利益相关者压力

编号	题项	完全不符合←→完全符合
E1	企业面对来自股东的压力	1 2 3 4 5 6 7
E2	企业面对来自政府的压力	1 2 3 4 5 6 7
E3	企业面对来自消费者的压力	1 2 3 4 5 6 7
E4	企业面对来自竞争者的压力	1 2 3 4 5 6 7
E5	企业面对来自供应商的压力	1 2 3 4 5 6 7
E6	企业面对来自所在社区的压力	1 2 3 4 5 6 7
E7	企业面对来自媒体的压力	1 2 3 4 5 6 7
E8	企业面对来自环保组织的压力	1 2 3 4 5 6 7

六　冗余资源

1. 未被吸收的冗余资源

编号	题项	完全不符合←→完全符合
F1	企业有足够且可用于自由支配的财务资源	1 2 3 4 5 6 7
F2	企业有足以支持企业市场扩张的留存收益，如未分配的利润等	1 2 3 4 5 6 7
F3	企业能够在需要时较易获得银行贷款或其他金融机构资助	1 2 3 4 5 6 7

2. 已被吸收的冗余资源

编号	题项	完全不符合←→完全符合
F4	企业目前的运营能力低于其设计能力，如预定目标等	1 2 3 4 5 6 7
F5	企业采用的工艺设备或技术比较先进，但没有被充分利用	1 2 3 4 5 6 7

续表

编号	题项	完全不符合⟵⟶完全符合
F6	企业拥有的专门人才较多，但还有一定的发掘能力	1 2 3 4 5 6 7

七　商业环境动态性

编号	题项	完全不符合⟵⟶完全符合
G1	企业技术、消费者偏好、法律法规等影响企业的商业环境因素变化频繁	1 2 3 4 5 6 7
G2	企业未积累足够多的资源形成竞争优势以应对商业环境变化	1 2 3 4 5 6 7
G3	企业所处行业内的客户偏好在不断且快速变化	1 2 3 4 5 6 7
G4	企业客户的需求变化速度快并倾向于寻找新的产品与服务	1 2 3 4 5 6 7

问卷到此结束，再次谢谢您的配合！

参考文献

一　中文文献

曹慧珍：《我国当前迫切需要民间环保组织》，《社科纵横》2003年第5期。

陈华斌：《试论绿色创新及其激励机制》，《软科学》1999年第3期。

陈力田、朱亚丽、郭磊：《多重制度压力下企业绿色创新响应行为动因研究》，《管理学报》2018年第5期。

陈柔霖、姜飒：《治理与共享：绿色创新绩效的知识驱动研究》，《中国管理信息化》2022年第5期。

陈柔霖、李倩：《企业绿色创新绩效评价体系构建》，《长春工业大学学报》2020年第5期。

陈柔霖、田虹：《组织环境认同对企业绿色竞争优势的影响研究》，《科学学研究》2019年第2期。

陈占夺、齐丽云、牟莉莉：《价值网络视角的复杂产品系统企业竞争优势研究——一个双案例的探索性研究》，《管理世界》2013年第10期。

戴鸿轶、柳卸林：《对环境创新研究的一些评论》，《科学学研究》2009年第11期。

方润生等：《不同类型冗余资源的来源及其特征：基于决策方式

视角的实证分析》，《预测》2009 年第 5 期。

和苏超、黄旭、陈青：《管理者环境认知能够提升企业绩效吗——前瞻型环境战略的中介作用与商业环境不确定性的调节作用》，《南开管理评论》2016 年第 6 期。

胡美琴、李元旭：《西方企业绿色管理研究述评及启示》，《管理评论》2007 年第 12 期。

黄俊、陈扬、翟浩淼：《企业环境伦理对于可持续发展绩效的影响：主动性环境管理的前因和后果》，《经济管理》2011 年第 11 期。

贾晓霞、张瑞：《冗余资源、战略导向对制造业企业战略转型的影响研究》，《中国科技论坛》2013 年第 5 期。

姜雨峰、田虹：《绿色创新中介作用下的企业环境责任、企业环境伦理对竞争优势的影响》，《管理学报》2014 年第 8 期。

姜雨峰、田虹：《伦理领导与企业社会责任：利益相关者压力和权力距离的影响效应》，《南京师大学报》（社会科学版）2015 年第 1 期。

蒋秀兰、沈志渔：《基于波特假说的企业生态创新驱动机制与创新绩效研究》，《经济管理》2015 年第 5 期。

焦俊、李垣：《基于联盟的企业绿色战略导向与绿色创新》，《研究与发展管理》2011 年第 1 期。

劳可夫：《消费者创新性对绿色消费行为的影响机制研究》，《南开管理评论》2013 年第 4 期。

李冬伟、张春婷：《环境战略、绿色创新与绿色形象》，《财会月刊》2017 年第 32 期。

李培功、沈艺峰：《媒体的公司治理作用：中国的经验证据》，《经济研究》2010 年第 4 期。

李卫宁、吴坤津：《企业利益相关者、绿色管理行为与企业绩效》，《科学学与科学技术管理》2013 年第 5 期。

李文君、刘春林：《突发事件情境下组织冗余资源的作用分析》，《经济与管理》2012 年第 6 期。

李晓翔、刘春林：《困难情境下组织冗余作用研究：兼谈市场搜索强度的调节作用》，《南开管理评论》2013 年第 3 期。

李旭：《绿色创新相关研究的梳理与展望》，《研究与发展管理》2015 年第 2 期。

李怡娜、叶飞：《制度压力、绿色环保创新实践与企业绩效关系——基于新制度主义理论和生态现代化理论视角》，《科学学研究》2011 年第 12 期。

李政、陆寅宏：《国有企业真的缺乏创新能力吗——基于上市公司所有权性质与创新绩效的实证分析与比较》，《经济理论与经济管理》2014 年第 2 期。

廖中举、黄超、姚春序：《组织资源冗余：概念、测量、成因与作用》，《外国经济与管理》2016 年第 10 期。

刘海建：《制度环境、组织冗余与捐赠行为差异：在华中外资企业捐赠动机对比研究》，《管理评论》2013 年第 8 期。

刘巨钦：《论资源与企业集群的竞争优势》，《管理世界》2007 年第 1 期。

刘彦平：《绿色管理：企业经营管理发展的必然趋势》，《上海管理科学》2000 年第 3 期。

马刚：《企业竞争优势的内涵界定及其相关理论评述》，《经济评论》2006 年第 1 期。

马中东、陈莹：《环境规制约束下企业环境战略选择分析》，《科技进步与对策》2010 年第 11 期。

潘楚林、田虹：《前瞻型环境战略对企业绿色创新绩效的影响研究——绿色智力资本与吸收能力的链式中介作用》，《财经论丛》2016 年第 7 期。

彭灿、曹冬勤、李瑞雪：《环境动态性与竞争性对双元创新协同性的影响：资源拼凑的中介作用与组织情绪能力的调节作用》，《科技进步与对策》2021 年第 20 期。

秦书生、吕锦芳：《我国实施绿色 GDP 核算的困境与对策》，《环境保护》2015 年第 15 期。

沈鲸：《双元组织能力：一个整合分析框架模型》，《华东经济管理》2012 年第 7 期。

束义明、郝振省：《高管团队沟通对决策绩效的影响：环境动态性的调节作用》，《科学学与科学技术管理》2015 年第 4 期。

孙爱英、苏中锋：《资源冗余对企业技术创新选择的影响研究》，《科学学与科学技术管理》2008 年第 5 期。

孙育平：《论企业竞争优势与实现途径》，《企业经济》2003 年第 12 期。

陶爱萍、李丽霞、洪结银：《标准锁定、异质性和创新惰性》，《中国软科学》2013 年第 12 期。

田虹、陈柔霖：《绿色产品创新对企业绿色竞争优势的影响——东北农产品加工企业的实证数据》，《科技进步与对策》2018 年第 16 期。

王建刚、吴洁：《网络结构与企业竞争优势——基于知识转移能力的调节效应》，《科学学与科学技术管理》2016 年第 5 期。

王建明、陈红喜、袁瑜：《企业绿色创新活动的中介效应实证》，《中国人口·资源与环境》2010 年第 6 期。

王娟茹、张渝：《环境规制、绿色技术创新意愿与绿色技术创新行为》，《科学学研究》2018 年第 2 期。

王兰云、张金成：《环境视角与战略适应》，《南开管理评论》2003 年第 2 期。

王小锡：《当代企业伦理实践范式的战略思考——序张志丹博士新著〈道德经营论〉》，《武汉科技大学学报》（社会科学版）2014 年第 1 期。

卫武、赵璇、胡翔：《基于社会嵌入视角的企业可见性和脆弱性对利益相关者压力的反应》，《预测》2018 年第 1 期。

卫武等：《企业的可见性和脆弱性有助于提升对利益相关者压力

的认知及其反应吗？——动态能力的调节作用》，《管理世界》2013 年第 11 期。

魏峰、张惠淼、王艺霏：《危机情境下流动性冗余、双元创新与中小企业绩效的关系研究》，《科学学与科学技术管理》2024 年第 4 期。

吴新文：《国外企业伦理学：三十年透视》，《国外社会科学》1996 年第 3 期。

武亚军：《战略规划如何成为竞争优势：联想的实践及启示》，《管理世界》2007 年第 4 期。

夏绪梅：《基于利益相关者视角的企业伦理评价研究》，《经济体制改革》2011 年第 6 期。

向刚、汪应洛：《企业持续创新动力机制研究》，《科研管理》2004 年第 6 期。

熊胜绪、黄昊宇：《企业伦理文化与企业管理》，《经济管理》2007 年第 4 期。

许晖、王琳、杨坤：《基于利益相关者的企业绿色价值链重构——以卡博特（天津）为例》，《管理案例研究与评论》2015 年第 1 期。

许庆瑞等：《全面创新管理（TIM）：企业创新管理的新趋势——基于海尔集团的案例研究》，《科研管理》2003 年第 5 期。

杨德锋、杨建华：《企业环境战略研究前沿探析》，《外国经济与管理》2009 年第 9 期。

杨静、刘秋华、施建军：《企业绿色创新战略的价值研究》，《科研管理》2015 年第 1 期。

杨庆义：《绿色创新是西部区域创新的战略选择》，《重庆大学学报》（社会科学版）2002 年第 1 期。

杨栩、廖姗：《环境伦理与新创企业绿色成长的倒 U 型关系研究》，《管理学报》2018 年第 7 期。

姚山季、王永贵、贾鹤：《产品创新与企业绩效关系之 Meta 分析》，《科研管理》2009 年第 4 期。

伊晟、薛求知：《绿色供应链管理与绿色创新——基于中国制造业企业的实证研究》，《科研管理》2016年第6期。

张钢、张小军：《国外绿色创新研究脉络梳理与展望》，《外国经济与管理》2011年第8期。

张钢、张小军：《企业绿色创新战略的驱动因素：多案例比较研究》，《浙江大学学报》（人文社会科学版）2014年第1期。

张根明、陈才：《企业家能力对企业竞争优势的影响研究》，《中国软科学》2010年第10期。

张红凤等：《环境保护与经济发展双赢的规制绩效实证分析》，《经济研究》2009年第3期。

张启尧、才凌惠、孙习祥：《绿色知识管理能力、双元绿色创新与企业绩效关系的实证研究》，《管理现代化》2016年第5期。

张庆生、毕雪梅、王斌：《企业建立绿色管理组织结构模式初探》，《商业经济》2010年第11期。

张骁、胡丽娜：《创业导向对企业绩效影响关系的边界条件研究——基于元分析技术的探索》，《管理世界》2013年第6期。

周海华、王双龙：《正式与非正式的环境规制对企业绿色创新的影响机制研究》，《软科学》2016年第8期。

周建、于伟、崔胜朝：《基于企业战略资源基础观的公司治理与企业竞争优势来源关系辨析》，《外国经济与管理》2009年第7期。

朱贻庭、徐定明：《企业伦理论纲》，《华东师范大学学报》（哲学社会科学版）1996年第1期。

二　外文文献

Agle, B. R., Mitchell, R. K., Sonnenfeld, J. A., "Who Matters to CEOs? An Investigation of Stakeholder Attributes and Salience, Corpate Performance, and CEO Values", *Academy of Management Journal*, 1999,

Vol. 42, No. 5, pp. 507 – 525.

Ahmed, N. U., Montagno, R. V., Firenze, R. J., "Organizational Performance and Environmental Consciousness: An Empirical Study", *Management Decision*, 1998, Vol. 36, No. 2, pp. 57 – 62.

Aiken, M., Hage, J., "The Organic Organization and Innovation", *Sociology*, 1971, No. 5, pp. 63 – 82.

Allred, C. R., et al., "A Dynamic Collaboration Capability as a Source of Competitive Advantage", *Decision Sciences*, 2011, Vol. 42, No. 1, pp. 129 – 161.

Anton, W. R. Q., Deltas, G., Khanna, M., "Incentives for Environmental Self-regulation and Implications for Environmental Performance", *Journal of Environmental Economics and Management*, 2004, Vol. 48, No. 1, pp. 632 – 654.

Aragón-Correa, J. A. A., Rubio-López, E., "Proactive Corporate Environmental Strategies: Myths and Misunderstandings", *Long Range Planning*, 2007, Vol. 40, No. 3, pp. 357 – 381.

Bansal, P., Roth, K., "Why Companies Go Green: A Model of Ecological Responsiveness", *Academy of Management Journal*, 2000, Vol. 43, No. 4, pp. 717 – 736.

Barney, J., Wright, M., Ketched, D. J., "The Resource-Based View of the firm: Ten years after 1991", *Journal of Management*, 2001, Vol. 27, No. 6, pp. 625 – 641.

Barney, J., "Firm Resources and Sustained Competitive Advantage", *Journal of Management*, 1991, Vol. 17, No. 1, pp. 99 – 120.

Baum, J. R., Wally, S., "Strategic Decision Speed and Firm Performance", *Strategic Management Journal*, 2003, Vol. 24, No. 11, pp. 1107 – 1129.

Berrone, P., et al., "Necessity as the Mother of 'Green' Inventions: Institutional Pressures and Environmental Innovations", *Strategic Management Journal*, 2013, Vol. 34, No. 8, pp. 891 – 909.

Berry, M. A., Rondinelli, D. A., "Proactive Corporate Environmental Management: A New Industrial Revolution", *The Academy of Management Executive*, 1998, Vol. 12, No. 2, pp. 38 – 50.

Boiral, O., Heras-Saizarbitoria, I., Testa, F., "SA8000 as CSR-Washing? The Role of Stakeholder Pressures", *Corporate Social Responsibility & Environmental Management*, 2016, Vol. 24, No. 1, pp. 57 – 70.

Boons, F., et al., "Sustainable Innovation, Business Models and Economic Performance: An overview: Sustainable innovation and business models", *Journal of Cleaner Production*, 2013, Vol. 45, No. 2, pp. 1 – 8.

Bourgeois, L. J., Singh, J. V., "Organizational Slack and Political Behavior Among Top Management Teams", *Academy of Management Annual Meeting Proceedings*, 1983, No. 1, pp. 43 – 47.

Bourgeois, L. J., "On the Measurement of Organizational Slack", *Academy of Management Review*, 1981, Vol. 6, No. 1, pp. 29 – 39.

Bowen, F. E., Rostami, M., Steel, P., "Timing is Everything: A Meta-analysis of the Relationships between Organizational Performance and Innovation", *Journal of Business Research*, 2010, Vol. 63, No. 11, pp. 1179 – 1185.

Buysse, K., Verbeke, A., "Proactive Environmental Strategies: A Stakeholder Management Perspective", *Strategic Management Journal*, 2003, Vol. 24, No. 5, pp. 453 – 470.

Capello, R., Faggian, A., "Collective Learning and Relational Capital in Local Innovation Processes", *Regional Studies*, 2005, Vol. 39, No. 11, pp. 75 – 87.

Carballo-Penela, A., Castromán-Diz, J. L., "Environmental Policies for Sustainable Development: An Analysis of the Drivers of Proactive Environmental Strategies in the Service Sector", *Business Strategy & the Environment*, 2015, Vol. 24, No. 8, pp. 164 – 191.

Carrión-Flores, C. E., Innes, R., "Environmental Innovation and Environmental Performance", *Journal of Environmental Economics & Management*, 2010, Vol. 59, No. 1, pp. 27 – 42.

Chan, H. K., et al., "The Moderating Effect of Environmental Dynamism on Green Product Innovation and Performance", *International Journal of Production Economics*, 2016, Vol. 181, pp. 384 – 391.

Chan, R. Y. K., "The Effectiveness of Environmental Advertising: The Role of Claim Type and the Source Country Green Image", *International Journal of Advertising*, 2000, Vol. 19, No. 3, pp. 349 – 375.

Chang, C. H., "The Influence of Corporate Environmental Ethics on Competitive Advantage: The Mediation Role of Green Innovation", *Journal of Business Ethics*, 2011, Vol. 104, No. 3, pp. 361 – 370.

Chen, C. J., Huang, Y. F., "Creative Workforce Density, Organizational Slack, and Innovation Performance", *Journal of Business Research*, 2010, Vol. 63, No. 4, pp. 410 – 417.

Chen, R. L., Cao, L., "How do enterprises achieve sustainable success in green manufacturing era? The impact of organizational environmental identity on green competitive advantage in China", *Kybernetes*, 2023, Vol. 1, pp. 1 – 19.

Chen, Y. S., Chang, C. H., Lin, Y. H., "The Determinants of Green Radical and Incremental Innovation Performance: Green Shared Vision, Green Absorptive Capacity, and Green Organizational Ambidexterity", *Sustainability*, 2014, Vol. 6, No. 11, pp. 7787 – 7806.

Chen, Y. S., et al., "Utilize Structural Equation Modeling (SEM) to Explore the Influence of Corporate Environmental Ethics: The Mediation Effect of Green Human Capital", *Quality & Quantity*, 2013, Vol. 47, No. 1, pp. 79 –95.

Chen, Y. S. , et al. , "The Influence of Proactive Green Innovation and Reactive Green Innovation on Green Product Development Performance: The Mediation Role of Green Creativity", *Sustainability*, 2016, No. 8, pp. 966 –978.

Chen, Y. S. , Lai, S. B. , Wen, C. T. , "The Influence of Green Innovation Performance on Corporate Advantage in Taiwan", *Journal of Business Ethics*, 2006, Vol. 67, No. 4, pp. 331 –339.

Chen, Y. S. , "The Driver of Green Innovation and Green Image: Green Core Competence", *Journal of Business Ethics*, 2008, Vol. 81, No. 3, pp. 531 –543.

Chen, Y. S. , "The Positive Effect of Green Intellectual Capital on Competitive Advantages of Firms", *Journal of Business Ethics*, 2008, Vol. 77, No. 3, pp. 271 –286.

Cheng, J. L. C. , Kesner, I. F. , "Organizational Slack and Response to Environmental Shifts: The Impact of Resource Allocation Patterns", *Journal of Management*, 1997, Vol. 23, No. 1, pp. 1 –18.

Chi, C. G. , Gursoy, D. , "Employee Satisfaction, Customer Satisfaction, and Financial Performance: An Empirical Examination", *International journal of hospitality management*, 2009, Vol. 28, No. 2, pp. 245 –253.

Child, J. , "Organization Structure, Environment and Performance: The Role of Strategic Choice", *Sociology*, 1972, No. 6, pp. 1 –22.

Chiou, T. Y. , et al. , "The Influence of Greening the Suppliers and Green Innovation on Environmental Performance and Competitive Advantage in Taiwan", *Transportation Research Part E Logistics & Transportation Review*, 2011, Vol. 47, No. 6, pp. 822 –836.

Christmann, P. , Taylor, G. , "Globalization and the Environment: Strategies for International Voluntary Environmental Initiatives", *Academy of*

Management Executive, 2002, Vol. 16, No. 3, pp. 121 –135.

Christmann, P., "Effects of 'Best Practices' of Environmental Management on Cost Advantage: The Role of Complementary Assets", *Academy of Management Journal*, 2000, Vol. 43, No. 4, pp. 663 –680.

Churchill, G. A., "A Paradigm for Developing Better Measures of Marketing Constructs", *Journal of Marketing Research*, 1979, pp. 64 –73.

Clarkson, M., "A Stakeholder Framework for Analyzing and Evaluating Corporate Social Performance", *Academy of Management Review*, 1995, Vol. 20, No. 1, pp. 92 –117.

Clarkson, P. M., et al., "Does It Really Pay to Be Green? Determinants and Consequences of Proactive Environmental Strategies", *Journal of Accounting & Public Policy*, 2011, Vol. 30, No. 2, pp. 122 –144.

Clemens, B., Douglas, T. J., "Do Coercion Drive Firms to Adopt 'Voluntary' Green Initiatives? Relationships Among Coercion, Superior Firm Resources, and Voluntary Green Initiatives", *Journal of Business Research*, 2006, Vol. 59, No. 4, pp. 483 –491.

Cordeiro, J. J., Sarkis, J., "Environmental Proactivism and Firm Performance: Evidence from Security Analyst Earnings Forecasts", *Business Strategy & the Environment*, 1997, Vol. 6, No. 2, pp. 104 –114.

Corrocher, N., Solito, I., "How Do Firms Capture Value from Environmental Innovations? An Empirical Analysis on European SMEs", *Industry and Innovation*, 2017, Vol. 24, No. 5, pp. 569 –585.

Crossan, M. M., Apaydin, M., "A Multi-dimensional Framework of Organizational Innovation: A Systematic Review of the Literature", *Journal of Management Studies*, 2010, Vol. 47, No. 6, pp. 1154 –1191.

Cui, Z., Liang, X., Lu, X., "Prize or price? Corporate Social Responsibility Commitment and Sales Performance in the Chinese Private Sector", *Management and organization review*, 2015, Vol. 11, No. 1, pp. 25 –44.

David, P., Bloom, M., Hillman, A. J., "Investor Activism, Managerial Responsiveness, and Corporate Social Performance", *Strategic Management Journal*, 2007, Vol. 28, No. 1, pp. 91 – 100.

Delmas, M., Toffel, M. W., "Stakeholders and Environmental Management Practices: An Institutional Framework", *Business Strategy & the Environment*, 2010, Vol. 13, No. 4, pp. 209 – 222.

Doh, J., et al., "Ahoy there! Toward Greater Congruence and Synergy Between International Business and Business Ethics Theory and Research", *Business Ethics Quarterly*, 2010, Vol. 20, No. 3, pp. 481 – 502.

Dowell, G., Hart, S., Yeung, B., "Do Corporate Global Environmental Standards Create or Destroy Market Value?", *Management Science*, 2000, Vol. 46, No. 8, pp. 1059 – 1074.

Dutton, J. E., Dukerich, J. M., "Keeping An Eye on the Mirror: Image and Identity in Organizational Adaptation", *Academy of Management Journal*, 1991, Vol. 34, No. 3, pp. 517 – 554.

Dwyer, S., Richard, O. C., Chadwick, K., "Gender Diversity in Management and Firm Performance: the Influence of Growth Orientation and Organizational Culture", *Journal of Business Research*, 2004, Vol. 56, No. 12, pp. 1009 – 1019.

Edward, J. R., Lambert, L. S., "Methods for Integrating Moderation and Mediation: A General Analytical Framework Using Moderated Path Analysis", *Psychological Methods*, 2007, Vol. 12, No. 1, pp. 1 – 22.

Enos, J. L., "Invention and Innovation in the Petroleum Refining Industry", *Nber Chapters*, 1962, Vol. 27, No. 8, pp. 786 – 790.

Esposito De Falco, S., Renzi, A., "The Role of Sunk Cost and Slack Resources in Innovation: A Conceptual Reading in An Entrepreneurial Perspective", *Entrepreneurship Research Journal*, 2015, Vol. 5, No. 3, pp. 167 – 179.

Frederick, W. C., *Business and Society: Corporate Strategy, Public Policy, Ethics*, McGraw 2 Hill Book Co., 1999.

Freeman, R., *Strategic Management: A Stakeholder Perspective*, Englewood Cliffs, NJ: Prentice-Hall, 1984.

Frondel, M., et al., "Economic Impacts from the Promotion of Renewable Energy Technologies: The German Experience", *Energy Policy*, 2010, Vol. 38, No. 8, pp. 4048 – 4056.

Frondel, M., Horbach, J., Rennings, K., "What Triggers Environmental Management and Innovation? Empirical Evidence for Germany", *Ecological Economics*, 2008, Vol. 66, No. 1, pp. 153 – 160.

Gadenne, D. L., Kennedy, J., Mckeiver, C., "An Empirical Study of Environmental Awareness and Practices in SMEs", *Journal of Business Ethics*, 2009, Vol. 84, No. 1, pp. 45 – 63.

Gentry, R., Dibrell, C., Kim, J., "Long-term Orientation in Publicly Traded Family Businesses: Evidence of a Dominant Logic", *Entrepreneurship Theory and Practice*, 2016, Vol. 40, No. 4, pp. 733 – 757.

Gonzǘlez-Benito, J., Reis da Rocha, D., Queiruga, D., "The Environment as a Determining Factor of Purchasing and Supply Strategy: An Empirical Analysis of Brazilian Firms", *International Journal of Production Economics*, 2010, Vol. 124, No. 1, pp. 1 – 10.

Grant, R. M., "Prospering in Dynamically-competitive Environments: Organizational Capability as Knowledge Integration", *Organization Science*, 1996, Vol. 7, No. 4, pp. 375 – 387.

Greenley, G. E., Oktemgil, M., "A Comparison of Slack Resources in High and Low Performing British Companies", *Journal of Management Studies*, 1998, Vol. 35, No. 3, pp. 377 – 398.

Guan, J. C., et al., "Innovation Strategy and Performance during Economic Transition: Evidences in Beijing, China", *Research Policy*, 2009,

Vol. 38, No. 5, pp. 802 - 812.

Gürlek, M., Tuna, M., "Reinforcing Competitive Advantage through Green Organizational Culture and Green Innovation", *Service Industries Journal*, 2018, Vol. 38, pp. 467 - 491.

Hart, S. L., "A Natural-Resource-Based View of firm", *Academy of Management Review*, 1995, Vol. 20, No. 4, pp. 986 - 1014.

Hayes, A. F., "An Introduction to Mediation, Moderation, and Conditional Process Analysis: A Regression-based Approach", New York: Guilford Press, 2013.

Helfat, C. E., Peteraf, M. A., "Understanding Dynamic Capabilities: Progress along a Developmental Path", *Strategic Organization*, 2009, Vol. 7, No. 1, pp. 91 - 102.

Henriques, I., Sadorsky, P., "The Relationship Between Environmental Commitment and Managerial Perceptions of Stakeholder Importance", *Academy of Management Journal*, 1999, Vol. 42, No. 1, pp. 87 - 99.

Hoffman, A. J., "Institutional Evolution and Change, Environmentalism and the U. S. Chemical Industry", *Academy of Management Journal*, 1999, Vol. 42, No. 4, pp. 351 - 371.

Huang, Y. C., Wong, Y. J., Yang, M. L., "Proactive Environmental Management and Performance by a Controlling Family", *Management Research Review*, 2014, Vol. 37, No. 3, pp. 210 - 240.

Hunt, C., Auster, E., "Proactive Environmental Management: Avoiding the Toxic Trap", *Sloan Management Review*, 1990, Vol. 31, No. 2, pp. 7 - 18.

Jackson, S. E., et al., "Toward Developing Human Resource Management Systems for Knowledge-intensive Teamwork", *Research in Personnel and Human Resources Management*, 2006, Vol. 25, pp. 27 - 70.

James, P., "The Sustainability Cycle: A New Tool for Produce Development and Design", *The Journal of Sustainable Product Design*, 1997, Vol. 2,

No. 2, pp. 52 – 57.

Jennings, P. D., Zandbergen, P. A., "Ecologically Sustainable Organizations: An Institutional Approach", *The Academy of Management Review*, 1995, Vol. 20, No. 4, pp. 1015 – 1052.

Jensen, M., "The Modern Industrial Revolution, Exit, and the Failure of Internal Control Systems", *The Journal of Finance*, 1993, Vol. 48, No. 3, pp. 831 – 880.

Jose, A., Thibodeaux, M. S., "Institutionalization of Ethics: The Perspective of Managers", *Journal of Business Ethics*, 1999, Vol. 22, No. 2, pp. 133 – 143.

Kassinis, G., Vafeas, N., "Stakeholder Pressures and Environmental Performance", *Academy of Management Journal*, 2006, Vol. 49, No. 1, pp. 145 – 159.

Kimerling, J., "Corporate Ethics in the Era of Globalization: The Promise and Peril of International Environmental Standards", *Journal of Agricultural and Environmental Ethics*, 2001, Vol. 14, No. 4, pp. 425 – 455.

Kohli, A., Jaworski, B., "Market Orientation: The Construct, Research Propositions and Managerial Implications", *Journal of Marketing*, 1990, Vol. 54, No. 2, pp. 1 – 18.

Kulkarni, S. P., "Environmental Ethics and Information Asymmetry among Organizational Stakeholders", *Journal of Business Ethics*, 2000, Vol. 27, No. 3, pp. 215 – 228.

Leenders, M. A. A. M., Chandra, Y., "Antecedents and Consequences of Green Innovation in the Wine Industry: the Role of Channel Structure", *Technology Analysis & Strategic Management*, 2013, Vol. 25, No. 2, pp. 203 – 218.

Li, P. C., et al., "Resource Commitment Behavior of Industrial Exhibitors: An Exploratory Study", *Journal of Business & Industrial Market-*

ing, 2011, Vol. 26, No. 6, pp. 430 –442.

Li, Y., "Environmental Innovation Practices and Performance: Moderating Effect of Resource Commitment", *Journal of cleaner production*, 2014, Vol. 66, pp. 450 –458.

Lin, R. J., Tan, K. H., Geng, Y., "Market Demand, Green Product Innovation, and Firm Performance: Evidence from Vietnam Motorcycle Industry", *Journal of Cleaner Production*, 2013, Vol. 40, pp. 101 –107.

Liu, Y., Guo, J., Chi, N., "The Antecedents and Performance Consequences of Proactive Environmental Strategy: A Meta-analysis Review of National Contingency", *Management & Organization Review*, 2015, Vol. 11, No. 3, pp. 521 –557.

Lyles, M. A., Flynn, B. B., Frohlich, M. T., "All Supply Chains Don't Flow through: Understanding Supply Chain Issues in Product Recalls", *Management & Organization Review*, 2010, Vol. 4, No. 2, pp. 167 –182.

Manrique, S., Martí-Ballester, C-P., "Analyzing the Effect of Corporate Environmental Performance on Corporate Financial Performance in Developed and Developing Countries", *Sustainability*, 2017, Vol. 9, No. 11, pp. 1957 –1987.

Mathur, G., Jugdev, K., Fung, T., "Intangible Project Management Assets as Determinants of Competitive Advantage", *Management Research News*, 2007, Vol. 30, No. 7, pp. 460 –475.

McCarthy, I. P., et al., "A Multidimensional Conceptualization of Environmental Velocity", *Academy of Management Review*, 2010, Vol. 35, No. 4, pp. 604 –626.

Mehmood, K., Iftikhar, Y., Khan, A. N., "Assessing Eco-technological Innovation Efficiency Using DEA Approach: Insights from the OECD Countries", *Clean Technologies and Environmental Policy*, 2022, Vol. 24, No. 10, pp. 3273 –3286.

Menguc, B., Auh, S., Ozanne, L., "The Interactive Effect of Internal and External Factors on a Proactive Environmental Strategy and Its Influence on a Firm's Performance", *Journal of Business Ethics*, 2010, Vol. 94, pp. 279 – 298.

Meyer, A. D., "Adapting to Environmental Jolts", *Administrative Science Quarterly*, 1982, Vol. 27, No. 4, pp. 515 – 537.

Miller, D., Shamsie, J., "The Resource-based View of the Firm in Two Environments: The Hollywood Film Studios from 1936 to 1965", *Academy of Management Journal*, 1996, Vol. 39, No. 3, pp. 519 – 543.

Mitchell, R. K., Agle, B. R., Wood, D. J., "Toward a Theory of Stakeholder Identification and Salience: Defining the Principle of Who and What Really Counts", *Academy of Management Review*, 1997, Vol. 22, No. 4, pp. 853 – 886.

Moorman, C., Miner, A. S., "The Impact of Organizational Memory on New Product Performance and Creativity", *Journal of Marketing Research*, 1997, Vol. 34, No. 1, pp. 91 – 106.

Mousa, F., Reed, R., "The Impact of Slack Resources on High-tech IPOs", *Entrepreneurship Theory and Practice*, 2013, Vol. 37, No. 5, pp. 1123 – 1147.

Mueller, V., Rosenbusch, N., Bausch, A., "Success Patterns of Exploratory and Exploitative Innovation: A Meta-analysis of the Influence of Institutional Factors", *Journal of Management*, 2013, Vol. 39, No. 6, pp. 1606 – 1636.

Murillo-Luna, J. L., Garcés-Ayerbe, C., Rivera-Torres, P., "Why do Patterns of Environmental Response Differ? A Stakeholders' Pressure Approach", *Strategic Management Journal*, 2008, Vol. 29, No. 11, pp. 1225 – 1240.

Ni, N., et al., "Patterns of Corporate Responsibility Practices for

High Financial Performance: Evidence from Three Chinese Societies", *Journal of Business Ethics*, 2015, Vol. 126, No. 2, pp. 169 – 183.

Nohria, N., Gulati, R., "Is Slack Good or Bad for Innovation?", *Academy of Management Journal*, 1996, Vol. 39, No. 5, pp. 1245 – 1264.

Oltra, V., Jean, M. S., "Sectoral Systems of Environmental Innovation: An Application to the French Automotive Industry", *Technological Forecasting & Social Change*, 2009, Vol. 76, No. 4, pp. 567 – 583.

O'Connor, G. C., "Major Innovation as a Dynamic Capability: A Systems Approach", *The Journal of Product Innovation Management*, 2008, Vol. 25, No. 4, pp. 313 – 330.

O'Donohue, W., Torugsa, N., "The Moderating Effect of 'Green' HRM on the Association Between Proactive Environmental Management and Financial Performance in Small Firms", *International Journal of Human Resource Management*, 2016, Vol. 27, No. 2, pp. 239 – 261.

Pablo, D. R., Carrillo-Hermosilla, J., Könnöl, T., "Policy Strategies to Promote Eco-Innovation", *Journal of Industrial Ecology*, 2010, Vol. 14, No. 4, pp. 541 – 557.

Parmigiani, A., Klassen, R. D., Russo, M. V., "Efficiency Meets Accountability: Performance Implications of Supply Chain Configuration, Control, and Capabilities", *Journal of Operations Management*, 2011, Vol. 29, No. 3, pp. 212 – 223.

Pearson, J., Pitfield, D., Ryley, T., "Intangible Resources of Competitive Advantage: Analysis of 49 Asian Airlines across Three Business Models", *Journal of Air Transport Management*, 2015, Vol. 47, pp. 179 – 189.

Penrose, E. T., *The Theory of the Growth of the Firm*, Oxford University Press, 1995.

Pickman, H. A., "The Effect of Environmental Regulation on Environmental Innovation", *Business Strategy & the Environment*, 1998, Vol. 7, No. 4, pp. 223 –233.

Pinzone, M., Lettieri, E., Masella, C., "Proactive Environmental Strategies in Healthcare Organizations: Drivers and Barriers in Italy", *Journal of Business Ethics*, 2015, Vol. 131, No. 1, pp. 183 – 197.

Pohlmann, M., Gebhardt, C., Etzkowitz, H., "The Development of Innovation Systems and the Art of Innovation Management—Strategy, Control and the Culture of Innovation", *Technology Analysis & Strategic Management*, 2005, Vol. 17, No. 1, pp. 1 –7.

Porter, M. E., Van Der Linde, C., "Green and Competitive", *Harvard Business Review*, 1995, Vol. 73, No. 5, pp. 120 – 134.

Porter, M. E., "Technology and Competitive Advantage", *Journal of Business Strategy*, 1985, Vol. 5, No. 3, pp. 60 –78.

Pujari, D. D., "Mainstreaming Green Product Innovation: Why and How Companies Integrate Environmental Sustainability", *Journal of Business Ethics*, 2010, Vol. 95, No. 3, pp. 471 –486.

Raines, S. S., "Implementing ISO 14001—An International Survey Assessing the Benefits of Certification", *Corporate Environmental Strategy*, 2002, Vol. 9, No. 4, pp. 418 –426.

Rashid, M. Z. A., Ho, J. A., "Perceptions of Business Ethics in a Multicultural Community: The Case of Malaysia", *Journal of Business Ethics*, 2003, Vol. 43, pp. 75 –87.

Reich, R. B., "The Case Against Corporate Social Responsibility", *Social Science Electronic Publishing*, 2008, Vol. 17, No. 15, pp. 643 –644.

Rexhauser, S., Rammer, C., "Environmental Innovations and Firm Profitability: Unmasking the Porter Hypothesis", *Environmental and Resource Economics*, 2014, Vol. 57, No. 1, pp. 145 – 167.

Rivera, J., "Institutional Pressures and Voluntary Environmental Behavior in Developing Countries: Evidence from the Costa Rican Hotel Industry", *Society & Natural Resources*, 2004, Vol. 17, No. 9, pp. 779 – 797.

Romer, P. M., "Increasing Returns and Long-run Growth", *Journal of Political Economy*, 1986, Vol. 94, No. 5, pp. 1002 – 1037.

Roome, D. N., "Developing Environmental Management Strategies", *Business Strategy & the Environment*, 1992, Vol. 1, No. 1, pp. 11 – 24.

Rothenberg, S., Maxwell, D. J., Marcus, D. A., "Issues in Implementation of Proactive Environmental Strategies", *Business Strategy and Environment*, 2010, Vol. 1, No. 4, pp. 1 – 12.

Russo, M. V., Fouts, P. A., "A Resource-based Perspective on Corporate Environmental Performance and Profitability", *Academy of Management Journal*, 1997, Vol. 40, No. 3, pp. 534 – 559.

Ryszko, A., "Proactive Environmental Strategy, Technological Eco-Innovation and Firm Performance—Case of Poland", *Sustainability*, 2016, Vol. 8, No. 2, pp. 3390 – 3410.

Scholz, P., Voracek, J., "Organizational Culture and Green Management: Innovative Way ahead in Hotel Industry", *Measuring Business Excellence*, 2016, Vol. 20, No. 1, pp. 41 – 52.

Schuler, D., et al., "Guest Editors' Introduction: Corporate Sustainability Management and Environmental Ethics", *Business Ethics Quarterly*, 2017, Vol. 27, No. 2, pp. 213 – 237.

Seifert, B., Morris, S. A., Bartkus, B. R., "Having, Giving and Getting: Slack Resources, Corporate Philanthropy, and Form Financial Performance", *Business & Society*, 2004, Vol. 43, No. 2, pp. 135 – 161.

Sharfman, M. P., et al., "Antecedents of Organizational Slack", *Academyof Management Review*, 1988, Vol. 13, No. 4, pp. 601 – 614.

Sharma, P., Sharma, S., "Drivers of Proactive Environmental Strategy in Family Firms", *Business Ethics Quarterly*, 2011, Vol. 21, No. 2, pp. 309 – 334.

Sharma, S., Aragón-Correa, J. A., Rueda-Manzanares, A., "Contingent Influence of Organizational Capabilities on Proactive Environmental Strategy in Service Sector: An Analysis of North American and European Ski Resorts", *Canadian Journal of Administrative Sciences*, 2007, Vol. 24, No. 4, pp. 268 – 283.

Sharma, S., Henriques, I., "Stakeholder Influences on Sustainability Practices in the Canadian Forest Products Industry", *Strategic Management Journal*, 2005, Vol. 26, No. 2, pp. 159 – 180.

Sharma, S., Vredenburg, H., "Proactive Corporate Environmental Strategy and the Development of Competitively Valuable Organizational Capabilities", *Strategic Management Journal*, 1998, Vol. 19, No. 8, pp. 729 – 753.

Sharma, S., "Managerial Interpretations and Organizational Context as Predictors of Corporate Choice of Environmental Strategy", *Academy of Management Journal*, 2000, Vol. 43, No. 4, pp. 681 – 697.

Shrivastava, P., "Environmental Technologies and Competitive Advantage", *Strategic Management Journal*, 1995, Vol. 16, No. S1, pp. 183 – 200.

Shu, C., et al., "Managerial Ties and Firm Innovation: Is Knowledge Creation a Missing Link?", *Journal of Product Innovation Management*, 2012. Vol. 29, No. 1, pp. 125 – 143.

Simsek, Z., Veiga, J. F., Lubatkin, M. H., "The Impact of Managerial Environmental Perceptions on Corporate Entrepreneurship: Towards Understanding Discretionary Slack's Pivotal Role", *Journal of Management Studies*, 2007, Vol. 44, No. 8, pp. 1398 – 1424.

Singh, J. V., "Performance, Slack, and Risk Taking in Organizational Decision Making", *Academy of Management Journal*, 1986, Vol. 29, No. 3, pp. 562 – 585.

Sirmon, D. G., Hitt, M. A., Ireland, R. D., "Managing Firm Resources in Dynamic Environments to Create Value: Looking inside the Black Box", *Academy of Management Review*, 2007, Vol. 32, No. 1, pp. 273 – 292.

Srivastava, S. K., "Green Supply-chain Management: A State-of-the-art Literature Review", *International Journal of Management Reviews*, 2007, Vol. 9, No. 1, pp. 53 – 80.

Thomson, N., Millar, C. C. J. M., "The Role of Slack in Transforming Organizations: A Comparative Analysis of East German and Slovenian Companies", *International Studies of Management & Organization*, 2001, Vol. 31, No. 2, pp. 65 – 83.

Troilo, G., De Luca, L. M., Atuahene-Gima, K., "More Innovation with Less? A Strategic Contingency View of Slack Resources, Information Search, and Radical Innovation", *The Journal of Product Innovation Management*, 2014, Vol. 31, No. 2, pp. 259 – 277.

Tzabbar, D., Aharonson, B. S., Amburgey, T. L., "When does Tapping External Sources of Knowledge Result in Knowledge Integration?", *Research Policy*, 2013, Vol. 42, No. 2, pp. 481 – 494.

Vanacker, T., Collewaert, V., Paeleman, I., "The Relationship between Slack Resources and the Performance of Entrepreneurial Firms: The Role of Venture Capital and Angel Investors", *Journal of Management Studies*, 2013, Vol. 50, No. 6, pp. 1070 – 1096.

Wartick, S. L., Cochrane, P. L., "The Evolution of the Corporate Social Performance Model", *Academy of Management Review*, 1985, Vol. 10, No. 4, pp. 758 – 769.

Weaver, G. R., Trevino, L. K., Cochran, P. L., "Corporate Ethics Programs as Control Systems: Influences of Executive Commitment and Environmental Factors", *Academy of Management Journal*, 1999, Vol. 42, No. 1, pp. 41 – 57.

Yang, Y., Holgaard, J. E., Remmen, A., "What can Triple Helix Frameworks Offer to the Analysis of Eco-innovation Dynamics? Theoretical and Methodological Considerations", *Science & Public Policy*, 2012, Vol. 39, No. 3, pp. 373 – 385.